“鹰狮”战斗机

——瑞典21世纪多用途战斗机

SAAB GRIPEN

[英] 杰拉德·凯斯普尔（Gerard Keijsper） 著

张立功 吴敏 屈萍 译

航空工业出版社

北 京

内 容 提 要

本书用大量翔实的资料和精美的图片全面介绍了萨伯公司“鹰狮”的源起、研发、技术性能、作战运用和销售情况，以及“鹰狮”战斗机与竞争机型的技术数据对比，使读者对“鹰狮”战斗机有一个全面深入的了解。

图书在版编目（CIP）数据

“鹰狮”战斗机：瑞典21世纪多用途战斗机 /（英）凯斯普尔（Keijsper, G.）著；张立功，吴敏，屈萍译. -- 北京：航空工业出版社，2013. 9

书名原文：SAAB GRIPEN

ISBN 978-7-5165-0248-8

Ⅰ. ①鹰… Ⅱ. ①凯… ②张… ③吴… ④屈… Ⅲ. ①歼击机－介绍－瑞典 Ⅳ. ①E926.31

中国版本图书馆CIP数据核字（2013）第214662号

北京市版权局著作权合同登记

图字：01－2013－2572

Aerofax Saab Gripen

By Gerard Keijsper

“鹰狮”战斗机——瑞典21世纪多用途战斗机

Yingshi Zhandouji——Ruidian 21 Shiji Duoyongtu Zhandouji

航空工业出版社出版发行

（北京市安定门外小关东里14号 100029）

发行部电话：010-64815615 010-64978486

北京九歌天成彩色印刷有限公司印刷 全国各地新华书店经售

2013年9月第1版 2013年9月第1次印刷

开本：787×1092 1/16 字数：285千字

印张：17 定价：66.00元

目 录

引言

近200年来，瑞典一直小心地保持中立立场（最近一次卷入战争的时间可以追溯到公元1814年，瑞典从丹麦手中取得了挪威），但是作为斯堪的纳维亚半岛最大的国家，瑞典始终在维持一种强大的军事能力以谋取战略优势，防止其他国家（主要是冷战时代的苏联和华沙条约组织）入侵。

构成这种突出的防卫能力的关键就是瑞典空军一直长期依赖的能够独立设计和建造飞机的瑞典本土化的航空工业。

瑞典现代航空工业的历史可以追溯到1930年，ASJA飞机公司（Aktiebolaget Svenska Järnvagsverkstädernas Aeroplanavdelning）在林彻平（Linkoping）成立。7年后，由于战争阴云笼罩着整个欧洲，瑞典在特罗尔黑坦（Trollhatlan）组建了萨伯飞机公司，两年后，两家公司合并，称为萨伯公司。

合并后的60年里，萨伯公司已经成功地研制出了一系列新型飞机以满足瑞典空军特定的作战要求。这些要求反映了瑞典空军对特定用途飞机的政策。第一次世界大战后瑞典使用的飞机命名含义如下：

右图：萨伯公司J 29“飞行酒桶”战斗机的四机编队，该机是瑞典第一代喷气式战斗机，隶属于瑞典皇家空军的F3战斗机联队。该机型1951～1970年在瑞典空军服役。

J——战斗机

A——攻击机

S——侦察机

SF——照相侦察机

SH——海上侦察机

SK——教练机

B——轰炸机

Tp——运输机

Fpl——轻型多用途战斗机

Hkp——直升机

萨伯公司首次设计的军用飞机是单发的B17/S17和双发的B18/S18，它们分别于1940年和1942年进入瑞典空军服役。萨伯公司对军用飞机的创新设计首先体现在J21A战斗机上，这是一种双尾梁布局、单座战斗机，首飞于1943年6月30日。该机采用了发动机后置、推进式螺旋桨而不是常规的安装在机头的拉进式螺旋桨。J21A在1947年被改进成J21R，保留了双尾梁布局，但是用喷气式发动机取代了原来的12缸液冷活塞式发动机。这是萨伯公司的第一种喷气式战斗机。

1948年9月1日，J29"飞行酒桶"原型机进行了首飞。这是萨伯公司首次自行设计的以喷气式发动机为原始动力的战斗机。试飞员本特·奥卢（Bengt Olow）于1952年11月3日承担了J32"长

下图：萨伯J32"长矛"战斗机是瑞典第二代喷气式战斗机/攻击机。该机型号的多样性使其在瑞典空军的服役期超过40年。

矛”战斗机四架原型机中的第一架飞机的首飞；1953年10月，“长矛”战斗机成为萨伯公司第一个克服声障的战斗机，从而使瑞典成为世界上第五个掌握超声速战斗机飞行技术的国家。“长矛”战斗机成为一个通用平台，主要担任全天候攻击/夜间战斗机的角色，而且还可以用作侦察、电子对抗和云采样平台。

随着冷战的不断升级，瑞典的中立和不结盟政策越来越向西方倾斜。现在瑞典面临的主要威胁来自华沙条约国，从这些国家的空军基地起飞只需要半小时就能到达瑞典，因此瑞典的前线受到的威胁大于北大西洋公约组织（NATO）中的挪威、丹麦和不结盟的芬兰。NATO认为在常规战争中，瑞典将能保护北约的北翼，因此北约国家的防御在联邦德国、冰岛–格陵兰–英国之间的缺口可以得到补充保护。

上图：图中的瑞典空军J35F“龙”式战斗机充分展示了其独特的倒海鸥式三角翼。武器包括两枚Rb27雷达制导和两枚Rb28红外制导空空导弹。

瑞典认为，在一场常规战争中，北约和华沙都会考虑瑞典领土的高战术价值，基于此，瑞典空军评估出为了防止入侵将需要多少军事力量。瑞典人认为，瑞典的空军基地很可能是第一个被毁灭的目标，为此瑞典空军的作战飞机必须能够从毁坏的跑道或者短的简易跑道上短距起飞。因此，瑞典空军的第二代作战飞机都必须设计成能在疏散用的公路上起降（这项要求被扩大到每个后继机型的作战飞机上，确保它们可以获得用于着陆的足够的道路。最终，瑞典空军建成了24个疏散基地，每个基地都有三条跑道，再加上国家另外设计优良的公路基础设施）。

本特·奥卢也是瑞典空军第二代作战飞机——马赫数2、性能优异的J35"龙"式全天候战斗机的首席试飞员。鉴于"长矛"是常规布局的战斗机，首飞于1955年10月25日的"龙"式战斗机，一个醒目的特征是机翼采用了不寻常的双三角翼结构，其曲折形前缘后掠角在内翼段达到80°，外翼段达到57°。萨伯公司认为，这种机翼能最好地融合单三角翼和常规机翼的特性。通过减少迎风面积降低阻力，使"龙"式战斗机具有良好的操控特性。由于采用了带加力燃烧室的RM6发动机，使其具有优异的爬升性能和高速性能，而且机翼的厚度和弦的比例只有5%。这些都是重点考虑了瑞典空军的要求，即作战飞机必须能够从疏散基地起飞，快速爬升拦截敌机，然后快速返回并在机场短距安全着陆。由于"龙"式战斗机采用了一对小的双尾轮，增大了气动阻力，使其着陆滑跑距离缩短。

1960年3月，J35A战斗机进入瑞典空军F13联队服役，后来经过多年的改进形成了J35的改型：S35E侦察平台和SK35C双座教练机。"龙"式战斗机曾出口到澳大利亚、丹麦和芬兰。

20世纪50年代末，在"龙"式战斗机进入瑞典空军服役之前，瑞典空军就已经着眼未来的需要，考虑"龙"式战斗机的换代机型。瑞典空军决定进行一种大武器系统概念的开发，即在设计和发展飞机平台的同时，同步开展机载航空电子设备和器材、军械、动力装置以及基于地面支持设备，包括飞行员训练模拟器等的研发。但是这种开发方式的先决条件是由此产生的武器系统必须能全面集成到瑞典的STRIL60防空控制系统中。

针对瑞典空军的要求，萨伯公司提出了37号武器系统的概念，其核心是J37战斗机。于是萨伯公司再次被委托设计该战斗机。

该机首飞于1967年2月8日，J37战斗机的特征是采用带后缘襟翼的中置三角形鸭式前置翼面（它是第一款鸭式布局现代化战斗机）和带有前缘复合后掠角和后缘副翼的三角主翼。这种三角翼鸭式布局和RM8加力发动机的动力使得J37战斗机能够满足在普通公路上短距起飞

上图：一架瑞典空军F15联队的第一代AJ37“雷”式战斗机。在“鹰狮”战斗机处于衡量和比较期间及初始设计阶段，“雷”式战斗机是瑞典的主力作战飞机。

的要求。坚固串联的双机轮主起落架可承受最大为5米/秒的垂直下降速度，因此可以保证战斗机在普通公路上短距着陆。一旦在公路上着陆，使用反推力系统并抬升主翼的副翼将会使J37战斗机的着陆滑跑距离限制在500米（1640英尺）以内。

由于J37能装备一系列的武器装备，动力强劲，而且在机身下和翼下共有7个外挂点，多用途J37被赋予“雷”的绰号，以反映它的力量和快速飞行及打击能力。第一代的“雷”式战斗机有4个改型，每一个改型都有两种用途：AJ37（攻击机，战斗机），SF37（照相侦察机，攻击机），SH37（海上侦察机，反舰艇攻击机），双座的SK37（教练机，攻击机）。

“雷”式战斗机于1971年6月21日进入瑞典空军服役，多年来逐步更新。在20世纪70年代，瑞典空军换装了第二代JA37（防空，攻击）飞机。后来，有近100架幸存的第一代AJ37、SF37、SH37飞机进行了升级，以使每架飞机都能执行最少两种任务。该方案导致了AJS37，AJSF37和AJSH37飞机的出现；后两个机型在作者写作时，缩减了仍在瑞典空军服役的数量。它们服役的同时尚存有JA37战斗机，一些SK37（用于飞行训练），以及"雷"家族中最年轻的成员：SK37E型电子战飞机（它取代了J32E"长矛"电子战斗机）。

战斗机80

从1971年起，瑞典国防部（或FMV，瑞典国防装备管理局）对"战斗机80"项目投入了大量的经费，该项目的目的是更换"雷"式飞机，原计划在80年代的前五年进入生产，在后五年进入瑞典空军服役。但是"战斗机80"项目最终被改称为项目85，研制出了A20飞机，该型机实际上是"雷"式战斗机对地攻击的衍生机型。

下图：许多参与胎死腹中的B3LA的供应商（其燃油系统原计划用于B3LA）后来应邀参加了JAS计划。如法国Intertechnique公司。

20世纪70年代中期，瑞典空军认为，"雷"式战斗机的使用寿命可以再延续15年。因此，人们建议，在"雷"式战斗机的生产持续到1985年结束时，应当研制一种新的改进型的"雷"式攻击机，以取代旧的第一代改型机；这就是项目A20的由来。（实际上，"雷"式战斗机的生产一直持续到1990年。包括8架原型机在内，"雷"式飞机总共生产了337架）。

现在，新型作战飞机的成本不断上涨，令人望而却步。洛克希德·马丁公司（简称洛·马公司，洛克希德公司和马丁·玛丽埃塔公司合并而成）的诺姆·奥古斯丁（Norm Augustine）在他的《Augustine Laws》书中指出，由于作战飞机的复杂性不断增加，并且需要额外的重量来容纳所有最先进的设备，导致了这种成本的快速上升。下面的表

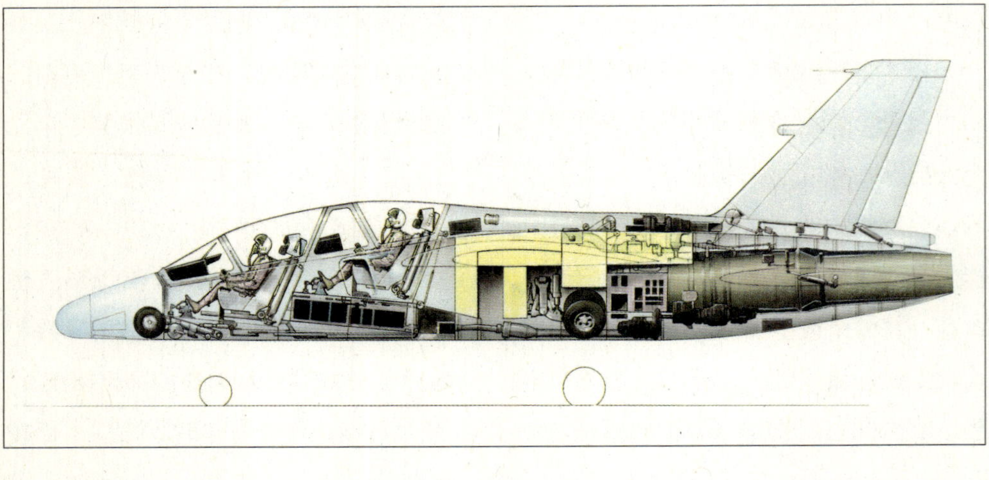

年份	制造商	型号	空重/千克	价格/百万美元
1950年	北美公司	F-86“佩刀”	6276	0.22
1958年	洛克希德公司	F-104“星座”式战斗机	6760	1.4
1962年	麦道公司	F-4“鬼怪”II	13757	2.2
1968年	通用动力公司	F-111	21398	5.9
1978年	麦道公司	F-15A“鹰”	12973	20
1990年	麦道公司	F-15E“攻击鹰”	14379	40
1990年	洛克希德公司	F-16C/D“战隼”	8663	25
1990年	麦道公司	F/A-18C/D“大黄蜂”	10455	30
2000年	欧洲战斗机公司	“台风”	9750	≈50
2000年	达索航空公司	“阵风”		≈50
2000年	波音公司	F/A-18E/F“超级大黄蜂”	13880	≈60
2000年	鹰狮国际公司	“鹰狮”	6622	≈30
2005年及之后	洛·马公司	F/A-22“猛禽”	13608	≈120[①]
2008年及之后	洛·马公司	F-35		≈40[①]

① 这些战斗机出口时的估价。

格说明了这种成本的上升状况。

人们常说，飞机的价格等于黄金的价格乘以飞机的重量，瑞典的研究证实了这一法则。因此，瑞典空军更看重一些低成本的设计方案，包括B3LA教练/轻型攻击机。

B3LA被视为SK60喷气教练机（英国宇航公司“鹰”教练机）的替代机型。意大利的马基（Aermacchi）公司合作设计了 B3LA，可以看出与AMX轻型攻击机（在意大利和巴西的空军服役）具有相似之处。另一个被考虑的项目是A38/SK38攻击/喷气教练机。

按照瑞典政府1976年的建议（编号1976/77：74），当在1977年春季开始全面评估的B3LA教练机将取代SK 60时，为了实现瑞典空军前线战斗机的现代化能力，应当将 “雷”式飞机的系统升级到A-20的标准。这项调查结果递交于1977年10月，并建议瑞典空军应当订购足够装备6个战斗机联队的A-20，再加上45架轻型教练机。另外，两个瑞典空军战斗机联队应当装备AJ37“雷”式飞机，9个战斗机联队装备B3LA教练机。

瑞典政府的1977/78：95号建议决定，对空军现代化的最终决定应当延迟，并于1978年1月成立了一个飞机工业委员会来确定对于瑞典空军的最佳选

上图：B3LA的电脑模拟图，仔细看与意大利和巴西的AMX相似。

择。该委员会在1978年10月向瑞典政府递交报告建议，订购足够的AJ37“雷”式飞机和新型A-20分别装备8个战斗机联队和6个战斗机联队。

瑞典武装部队最高指挥官约翰松·希瑟上将（General Lennart Ljung）随后递交了一份报告，指出他们更喜欢SK38/A38而不是A-20。虽然他承认，前者还需要做更多的设计完善，因此具有较高的技术和财务风险。然而，瑞典议会在1979年2月底否决了希瑟上将的意见，并于1979年7月1日前决定下一个五年计划期间的作战飞机采购计划。希瑟上将发起一些研究，以了解可用的选项，很快他们发现，在当时，用英国的“鹰”教练机和法、德的“阿尔发喷气”教练机替代SK60是一个低成本的不错选择。

1978年11月21日，由于费用太高，B3LA和A38计划被瑞典政府的1978/79:138号建议取消。两个月后，1979年2月，A-20计划也被取消。1979年11月，瑞典政府给瑞典武装部队统帅部发来特别指令，让他们寻找一种飞机，甚至可从国外引进，这种飞机应当具有战斗机、攻击机和侦察机的用途，并且技术性能要与美国通用动力公司的F-16水平相当。如果采购到这种作战飞机，将可以替代瑞典空军的AJ/SF/SH 37“雷”式作战飞机。同时，8个JA37“雷”式战斗机联队将装备这种作战飞机。

IG-JAS合作团队

了解到瑞典空军可能从国外制造商采购的作战飞机要满足JAS（JAS: 战斗机（Fighter），攻击机（Attack）和侦察机（Reconnaissance））的要求后，瑞典建立JAS合作团队；5家瑞典航空工业公司将联合他们的设计力量，发展和制造多用途“JAS作战飞机”。这些公司是萨伯公司（负责平台设计、总装、数字式电传飞控系统、市场营销和销售），沃尔沃公司（负责与通用电气公司合作开发RM12发动机，该发动机将是GE404J的发展型），瑞典FFV军械公司（负责维修和奥登（ ODEN）头盔瞄准器），瑞典SRA公司（负责衍射光学平显和三个下显），爱立信公司（负责雷达、前视红外探测系统、中央计算机系统和敌我识别系统）。

IG-JAS合作团队的成立虽然主要是出于政治原因，但是这也表明不仅萨伯公司，而且更广泛的瑞典产业都可以从新型战斗机的研发中获得利益。但是，一个重大的变化是，所有其他的合作公司都成了冒险伙伴，因为这种战斗机与瑞典以往的战斗机方案是完全不同的，而且整个飞机的市场营销都留给了萨伯公司。

1980年2月，瑞典武装部队最高指挥官宣布了调查结果，建议采购JAS系统以取代整个“雷”式机群，包括SF/SH37改型机。1980年夏季，一份正式的需求方案说明书（Request for Proposals，简称 RFP）被发给了美国的通用动力公司、麦道公司、诺斯罗普公司以及瑞典的IG-JAS合作团队。不久后，瑞典议会同意拨付2亿瑞典克朗用于JAS从1980年7月到1981年底的设计研制。

发给三个美国公司的RFP直到1981年4月才得到回复；IG-JAS合作团队不像其他的竞争对手，虽然他们还没有一个实际的飞机，但他们只用了两个月时间就作出了回复。不过，到1980年11月，IG-JAS合作团队就已经从准备分享JAS项目研制的国外航空公司那里获得了大量的支持。其中值得注意的是英国宇航公司，梅塞施米特·柏克·布鲁姆（Messerschmitt Bolkow-BLOHM）公司，麦道公司和罗克韦尔公司（提供了高机动性的先进战斗机技术）。

将在年底前选定合作者以便IG-JAS合作团队能给瑞典空军提供一份报价。瑞典政府再决定是在本国研制还是从国外购买。

缩略语

AAA　Anti-Aircraft Artillery　高射炮

AADS　Advanced Air Data System　先进的空中数据系统

AAM　Air-to-Air Missile　空空导弹

AoA　Angle of Attack　迎角

ACTIVE　Advanced Control Technology for Integration VEhicle　整机集成先进控制技术

ADC　Air Data Computer　大气数据计算机

AESA　Active Electronically Scanned Array　有源电子扫描阵列

AFB　Air Force Base　空军基地

AMRAAM　Advanced Medium-Range Air-to-Air Missile　先进中程空空导弹

AMS　Audio Management System　声频管理系统

APU　Auxiliary Power Unit　辅助动力装置

ASM　Anti-Ship Missile　反舰导弹

ATE　Automatic Test Equipment　自动测试设备

AVEN　Axis-symmetric Vectoring Exhaust Nozzle　轴对称矢量喷管

BFM　Basic Fighter Manoeuvres　基础特技飞行

BITE　Built-In Test Equipment　内置的测试设备

BVR　Beyond Visual Range　超视距

BVRAAM　Beyond Visual Range Air-to-Air Missile　超视距空空导弹

CCDU　Communication Control Display Unit　通信控制显示装置

C-in-C　Commander-in-Chief　统帅

CPB　Central Plan Bureau (the Dutch Economic Analysis Agency)　中央计划办公室

CRT　Cathode-Ray Tube　阴极射线管

CSMU　Crash Survivable Memory Unit　失事安全措施存储器

CzAF　Czech Air Force　捷克空军

DASH　Display And Sight Helmet　显示和视觉头盔

DEXSA　Defence EXhibition South Africa　南非防务展

DFRC　Dryden Flight Research Center　德莱顿飞行研究中心

DWS　Dispenser Weapon System　集束弹箱武器系统

ECCM　Electronic Counter-Counter Measure　电子对抗对策

ECM　Electronic Counter Measure　电子对策

ECS　Environmental Control System　环境控制系统

EFA　European Fighter Aircraft (later Eurofighter Typhoon)　欧洲战斗机(后来的"台风")

EFM　Enhanced Fighter Manoeuvrability　增强型战斗机机动

EGNP　Elektronisk Genererad Nod Presentation (Electrically Generated Emergency Display)　电子生成的紧急显示

ELINT　ELectronic INTelligence　电子情报

EMD　Engineering and Manufacturing Development　工程与制造发展

EO　Electro Optical　电子光学

FACh　Fuerza Aerea Chilena (Chilean Air Force, ChAF)　智利空军

FADEC　Full-Authority Digital Engine Control　全权限数字式发动机控制

FBW　Fly-By-Wire　电传

FCS　Flight Control System　飞控系统

FETT　First Engine To Test　将测试的首台发动机

FLIR　Forward-Looking Infra-Red　前视红外探测

FMRAAM　Future Medium-Range Air-to-Air Missile　未来中程空空导弹

FMS　Foreign Military Sales　对外军事销售

FMS　Full Mission Simulator　全任务模拟器

FMV　Forsvarsmakten (the Swedish Defence Material Administration，SDMA)　瑞典国防装备管理局

FOD　Foreign Object Damage　异物损伤

GECU　General Electronic Control Unit　通用电子控制装置

GSE Ground Support Equipment 地面支持设备

HARV High–Alpha Research Vehicle 大迎角研究机

HAS Hardened Aircraft Shelter 坚固的飞机掩体

HDD Head–Down Display 俯视显示器

HiMAT Highly Manoeuvrable Aircraft Technology 高机动性飞机技术

HMD Helmet–Mounted Display 头盔显示器

HMS Helmet–Mounted Sight 头盔瞄准器

HOTAS Hands On Throttle And Stick 油门和驾驶杆手柄

HUD Head–Up Display 平视显示器

IAF Israeli Air Force 以色列空军

IAI Israeli Aircraft Industries 以色列航宇工业公司

IFF Identification Friend or Foe 敌我识别

INS Inertial Navigation System 惯性导航系统

IOC Initial Operational Capability 初始作战能力

IR Infra–Red 红外

IRST Infra–Red Search and Track 红外搜索和跟踪

ITB Invitation To Bid 邀请招标

ITO International Test Organisation 国际测试组织

ITP Industria de Turbo Propulsores 工业涡轮螺旋桨

JAS Jakt, Attack, Spanning 战斗机、攻击机和巡逻机

JSF Joint Strike Fighter 联合攻击战斗机

KEPD Kinetic Energie Penetration and Destruction 动力学能源的渗透和破坏

LCA Light Combat Aircraft 轻型战斗机

LCC Life Cycle Cost 寿命周期成本

LOA Letter of Offer and Acceptance 要约和承诺的信

LP Low Pressure 低气压

LRIP Low–Rate Initial Production 低速初始生产

LRU Line Replaceable Unit 线路可替换单元

MACS Modular Airborne Computer System 模块化机载计算机系统

MATV Multi–Axis Thrust Vectoring 多轴推力矢量

McDD McDonnell Douglas 麦道公司

MDC Miniature Detonating Cord 微型导爆索

MDRS Maintenance Data Recording System 维修数据记录系统

MES Mission Evaluation System 任务评估系统

MFD Multi-Functional Display 多功能显示器

MIDAS Multi-function Integrated Defensive Avionics System 多功能综合防御航空电子系统

MIDIS Multi-function Integrated Defensive Information System 多功能综合防御信息系统

MIL-STD MILitary STanDard 军用标准

MLU Mid-Life Update 中期更新

MMC Mass Memory Cartridge 海量存储盒

MMI Man-Machine Interface 人机界面

MMS Multi-Mission Simulator 多任务模拟器

MoD Ministry of Defence 国防部

MoU Memorandum of Understanding 谅解备忘录

MRAAM Medium-Range Air-to-Air Missile 中程空空导弹

MRP Modular Reconnaissance Pod 模块化侦察吊舱

MTBF Mean Time Between Failures 平均故障间隔时间

MTVN Multi-axis Thrust-Vectoring Nozzle 多轴推力矢量喷口

NASA National Aeronautics and Space 国家航空航天局

NATO North Atlantic Treaty Organisation 北大西洋公约组织

NVG Night Vision Goggles 夜视镜

OBOGS On-Board Oxygen Generation System 机载制氧系统

PAF Polish Air Force 波兰空军

PfP Partnership for Peace 和平伙伴关系

PGM Precision Guided Munitions 精确制导弹药

PIO Pilot-Induced Oscillation 驾驶员诱发震荡

PRF Pulse Repetition Frequency 脉冲重复频率

Rb Robot (Swedish term for guided missile) 机器人（用于制导导弹的瑞典术语）

RCS Radar Cross-Section 雷达散射截面

RFP　Request For Proposals　需求方案说明书

RFQ　Request For Quotation　询价

RM　Reaktions Motor (or Jet Engine)　喷气发动机

RRV　Riks Revisions Verket (State Revision Works)　国家工程修订

RWR　Radar Warning Receiver　雷达告警接收机

SAAF　South African Air Force　南非空军

SANDF　South African National Defence Force　南非国防军

SDD　System Development and Demonstration　系统开发和演示

SETP　Society of Experimental Test Pilots　试飞员试验协会

SHK　Statens Havari Kommission　全国事故委员会

SKr　Swedish Kroner　瑞典克朗

S/MTD　STOL/Manoeuvring Technology Demonstrator　短距起降/机动飞行技术展示

SRU　Shop Replaceable Unit　工厂可更换单元

SSE　Stockholm Stock Exchange　斯德哥尔摩证券交易所

STOL　Short Take-Off and Landing　短距起飞和着陆

STOVL　Short Take-Off and Vertical Landing　短距起飞和垂直着陆

SwAF　Swedish Air Force　瑞典空军

TARAS　TActical RAdio System　战术无线电系统

TDD　Technology Development and Demonstration　技术开发和演示

TFR　Tactical Fighter Regiment　战术战斗机军团

TIDLS　Tactical Information Data Link System　战术情报数据链系统

TRM　Transmitter Receiver Module　发送和接收模块

TU-39　Taktisk Utprovning 39 (Tactical Testing 39)　战术测试39

VECTOR　Vectoring, Extremely STOL, Control and Tailless Operation Research　矢量、极短距起降、控制和无尾驾驶研究

VISTA　Variable In-flight Stability Test Aircraft　变稳飞行稳定性试验机

VoVC　Validerings-och Verifiering Centrum(Validation and Verification Centre)　验证和核查中心

VRD　Virtual Retinal Display　虚拟视网膜显示屏

VTAS　Visual Target Acquisition System　视觉目标采集系统

第1章
未来选型

按照瑞典空军器材司令部司令斯塔·纳斯吉姆少将（Maj Gen Staffan Nasstrbm）的说法，你必须看看前几代战斗机才能体会到“第四代战斗机”的含义以及它能干什么。

第一代喷气式战斗机包括米格-15“柴捆”，F-86“佩刀”和“吸血鬼”；瑞典的这一代成员有：J29“飞行酒桶”和J32“长矛”。第二代喷气式战斗机使用模拟系统来整合武器和航空电子设备，速度是一个主要的性能要求。这一代的组成类型有：F-5“自由战士”、F-4“鬼怪”II、米格-21“鱼窝”和J35“龙”。“龙”式飞机是瑞典第一种装备数据链系统的飞机，由于这种战斗机，人们才在服役开始建立起这种系统的使用经验，在战斗中才意识到数据链系统的价值。

第三代战斗机设计有许多独立的数字系统，可以执行指定的任务，但依靠几台计算机把它们连接在一起。它包括：F-16“战隼”战斗机，F/A-18“大黄蜂”，“幻影”2000-5，米格-29和JA 37“雷”。

“鹰狮”战斗机引起了第四代战斗机的发展，这一代的战斗机包括：F/A-22“猛禽”，“台风”，“阵风”和F-35（从一开始就利用一个通用的数据库，一个完全集成的计算机基本结构上设计成了一个单独的数字装置）。这意味着传感器、武器、控制面、输入设备和显示系统都可作为信息载体，有无穷组合的信息提供者。更新这些飞机一个相对简单的方式就是改进软件。

所有这些第四代战斗机，除了F/A-22和F-35外，都有其共同之处：三角形的鸭式布局，摆脱了尾翼，从而减少了气动阻力和质量，但鸭翼在增加RCS

（雷达散射截面）的同时，也可能遮掩飞行员的下方视野。通用动力公司（与洛克希德合并前，是F-16的原设计者，也是F-22的研制合作伙伴）竟认为，鸭式布局的位置，就是敌机攻击的最好位置！

JAS方案

设计研究的成果最终成为IG-JAS合作团队提交的JAS要求（该要求始于1979年）。工作开始于指定的型号NV-0下，这个型号，确定基本上是一个带55°机翼后掠角的半尺寸的“雷”式飞机。NV-0后来成为2100类型，因此，实际使用2100系列。

深入研究的两个基本方案是2102和2105。2102是两个方案中更常规的一个：采用了中置后掠的机翼和尾翼，带有前缘襟翼的巨大边条（LERXs，Leading Edge Root Extensions），单发和机身两侧进气口。2105方案，也采用单发，带有鸭翼和切尖三角翼构型。进气口仍在明显更小、更薄的机身两侧。

与F-16不同，用机头下方进气的方式对三角形鸭式翼计划也进行了测试，

下图：NV-O的设计，基本上是带有锯齿形前缘的机翼后掠角的半尺寸“雷”式飞机，是启动的项目2100（包括设计）系列，保留了鸭式前置翼面，但在其他方面与“雷”式显得相当不同。

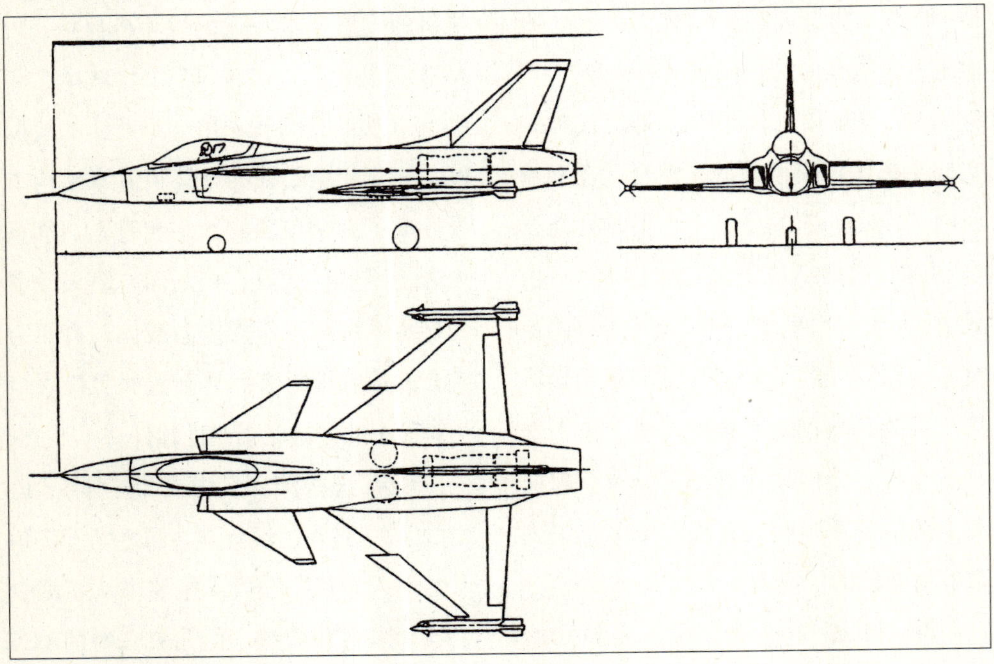

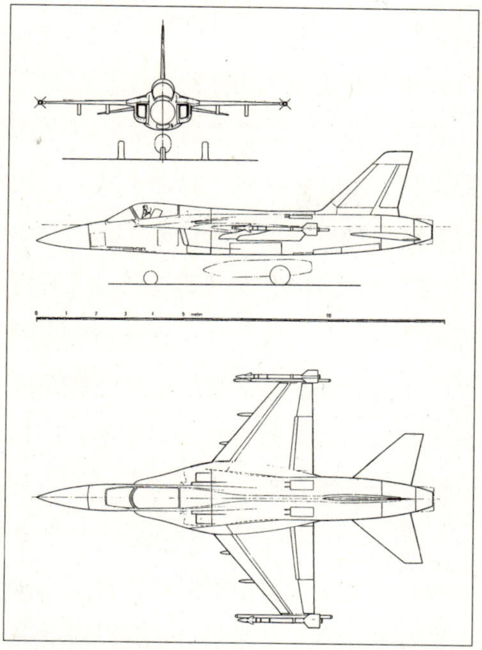

上图：2102方案的三视图，与2105方案相比更常规。

下图：具有最大技术风险的2107方案。主要是由于它的不寻常的飞机背部发动机进气口位置。

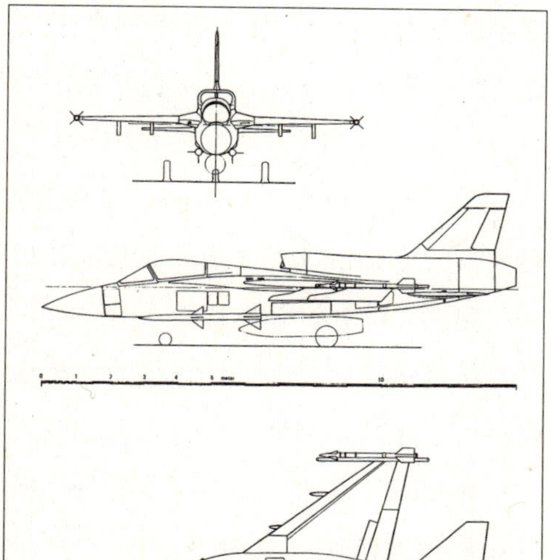

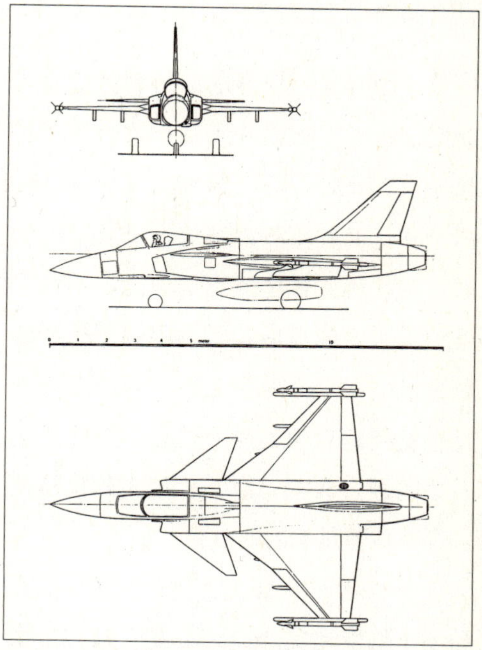

上图：2100方案的进一步改进，带鸭翼和切尖三角翼布局的2105方案。

下图：2108方案的三视图。这个方案也评估了位于鸭翼后部的进气方式。2108方案是IG-JAS合作团队为了回应JAS要求在1981年首先提交的方案。

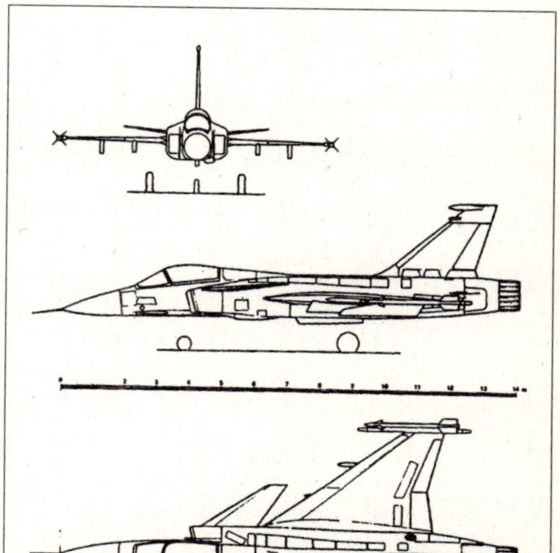

但是，因为异物损害的威胁，萨伯公司断定这种进气方式并不真正适合于小型战斗机。此外，它有极高的迎面雷达特征，并且前起落架必须放在进气口的后面；这使得飞机座舱离地面高，不便于维护。过短的纵向轮距也限制了机身的载弹量（以色列航宇工业公司的工程师没感觉到这对他们的"幼狮"战斗机是一个问题，而且，战斗机稍大的机体掩盖了其载弹量低的弱点）。

另一项研究是安装了一个高后掠翼和一个低置尾翼的2107方案。2107方案最鲜明的特点是机身背部进气口（与北美公司的YF-107战斗机相似）和又短又直的进气道；更重要的是，雷达探测不到它的发动机，因此设计上具有更好的隐身特性。

风洞试验表明：2107方案的转弯速率好于2105方案，并且在大迎角时的表现也好于2105方案。但是，因为进气口的位置，并要关注大迎角和侧滑，很难增加第二个座椅。

2108方案是另一种鸭式布局设计，但后掠翼超过三角翼，而2111-4方案安装了一个由罗克韦尔公司设计的机翼，该机翼原是用于该公司的高机动性验证机（HiMAT）上的。2111-4方案的亚声速转弯性能得到改善得益于较低的诱导阻力和该方案的气动弹性特性不会在其他的飞行状态下损害飞机性能。两个远距操纵的HiMAT飞机（每一个的大小大约是F-16的一半），从1979年至1983年1月在美国国家航空航天局德莱顿飞行研究中心进行了飞行试验。2111-4方案的翼展比2105方案的翼展大9%，后掠角降低了10%，机翼面积减少了13%，但是它的质量增加了3%。

到了1981年6月，IG-JAS合作团队必须决定这些设计中的哪一个最适合提供给瑞典空军。每个设计的评估都是基于三个阶段：计算机分析、风洞试验和飞行试验。经过计算机分析后，那些有缺陷的设计将会被淘汰。经过三个阶段评估后，两个设计方案保留下来，一个是不稳定型2105方案（近距耦合三角翼鸭式布局），一个是更常规和稳定的2102方案。

当进行系统集成研究时，2105方案和2102方案通过了详细的气动设计和结构测试。计算机分析方法十分先进，只要风洞试验证实一下计算机的分析结果即可，而且风洞试验远比飞行试验便宜，并且在计划的早期不用获得飞行模型。所以在瑞典、加拿大、荷兰、瑞士、英国和美国最好的风洞进行了风洞试验。

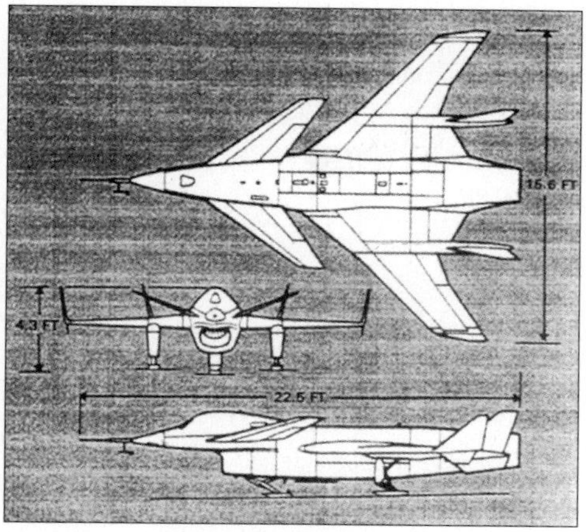

上图：2111-4方案最终替代了2105方案，最明显的不同是采用了罗克韦尔公司的HiMAT机翼设计。

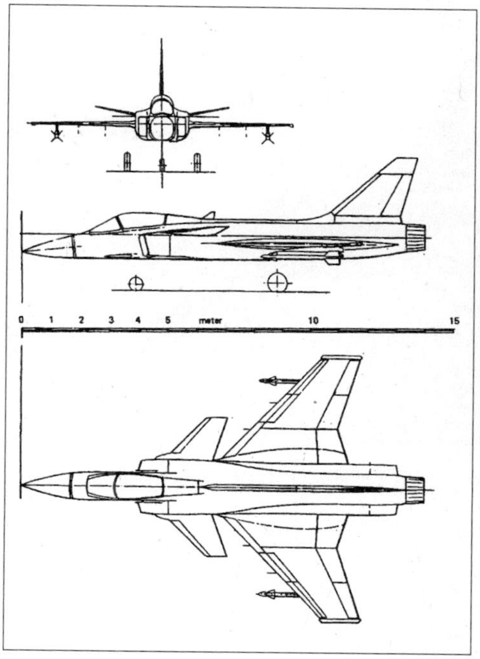

右图：2111-4方案的鸭式前置翼面将安装突出的前缘襟翼的巨大边条（LERXs）。

从打击能力的角度来看，2102方案有不错的表现，但是萨伯公司不能充分降低阻力，所以该方案在超声速状态下不如其他的设计方案。因此，IG-JAS合作团队提交了2105方案作为他们在JAS竞争中的竞选方案。

瑞典人获胜

1981年9月17日，瑞典空军司令迪克·斯滕伯格将军（Lt General Dick Stenberg）向最高指挥官报告，经过仔细评估海外竞争者和2105方案后，尽管2105方案所需的费用可能要比现役最昂贵的飞机略多，而且交付时间晚，但是2105方案最能满足瑞典空军的需求。而且无论如何，额外的花费将会得到补偿，因为瑞典将能保持一个强大的工业基础，以支持瑞典空军。

希瑟上将正式确认斯滕伯格将军的调查结果并指出，美国和法国的方案不符合瑞典空军的要求。对F-16的评估已经表明它不能满足瑞典空军严格的起飞要求：瑞典的战斗机必须在一分钟内依次起飞，而F-16需要3分钟左右。

F/A-18“大黄蜂”虽然更适合瑞典空军的需求；但它太昂贵，部分原因是它的双发需要额外的维护（瑞典空军习惯于使用单发战斗机）。

左图：萨伯2110方案的一个早期的形象宣传。值得注意的是，其更修长的机头和没有雷达告警接收机的较小的尾部。该方案的内侧外挂梁上的攻击武器明显是RBS 15 ASM导弹的形状。

联合国际力量发展战斗机的想法，虽然可以吸引资金并在伙伴国之间分担成本，但是因为多国飞机在设计和作战能力上不可避免地需要综合考虑，因此这种想法被否定了。仍然有悬而未决的问题，就是这种方案是否就能生产出满足瑞典空军作战要求的飞机，以替代仍在服役的"龙"式和"雷"式飞机。

1981年12月1日，瑞典政府投票通过了IG-JAS合作团队的建议，因此命令瑞典国防装备管理局与IG-JAS合作团队商谈"龙"式、"雷"式飞机的替代机型合同。因为根据就业、本国的工业技术基础，最后但并非最不重要的一点是，瑞典的中立政策，就很容易作出这一决定。同样重要的是，瑞典空军航空兵实际使用的唯一一种飞机——"雷"式飞机的备件在2000年还依赖于瑞典的航空工业。事实上，瑞典空军进行的一项研究表明，如果瑞典购买现成的飞机，那么这些飞机服役后不久可能就需要花费高额的维护成本。

2110方案

1982年1月，IG-JAS合作团队披露了其JAS战斗机构型。2105方案的细化，尤其试图减轻飞机重量，导致了2110方案的出台，IG-JAS合作团队打算搞一个在重量上与诺斯罗普公司F-5E"虎"II相当的轻型战斗机。2210方案（似应为2110方案，译者注）采用了一个带切尖三角翼的近距耦合三角翼鸭式布局，以便能安装空空导弹导轨。鸭翼是全动的，在着陆时可向下偏转以提供气动刹车能力。飞行计算机工作时，2110方案是不稳定的，但在一台计算机出现故障后，鸭翼将变成自由浮动状态，使飞机再次恢复稳定。

该方案的机翼计划与"雷"式飞机相似，这方面萨伯公司已经获得了大量经验（毫无疑问，这最终影响了机翼构型的最终选择）。主翼后面是两个减速板，机身两边各有一个。2105方案的带有后掠后缘的窄垂尾被一个带直缘的更薄的垂尾代替。

1982年2月，瑞典政府向议会提交了采购和开发新一代多用途战斗机计划，证实他们将开发JAS原型机。要求瑞典国防装备管理局和IG-JAS合作团队在1982年5月1日前完成合同谈判，以便一个月后，瑞典议会能够作出他们的最后决定。

1982年4月30日，瑞典国防装备管理局与IG-JAS合作团队签署了价值25700亿瑞典克朗的初步合同，5月6日，瑞典政府批准了该协议；瑞典议会随后于6月4日通过，6月30日，瑞典国防装备管理局与IG-JAS合作团队签订了正式合同。合同包含了2110方案，但附加了一个2111改型方案的附件，这个方案由IG-JAS合作团队研究决定，主要是考察HiMAT技术在经费和技术上是否值得引进到JAS项目中（采用了HiMAT技术的2111方案在高转弯速率时的机动性能很好，但是在跨声速和超声速状态时的性能很差，该项目最终不了了之）。

瑞典国防装备管理局与IG-JAS合作团队签订的合同是不寻常的，因为开发和生产5架原型机和30架生产型飞机要在一个确定的价格上完成。换句话说，开发成本的增加不能通过增加首批生产型飞机的价格的方式返还。还有一个选项，第二批110架飞机不能超过的价格。

稳定性和性能的部分要求被编成大纲，包括该型机必须实现的功能，但是省略了一些技术细节，因为双方都想对技术创新保留选择权。原型机的首次展示和首飞定于1987年；生产型飞机的交付从1990年开始。在1992年将形成初始作战能力。

这一份合同不同于以往瑞典国防装备管理局与瑞典飞机工业之间的所有合同，这是第一次由公司和供应商承担责任，而不是采购代理机构。总价值为100亿瑞典克朗，但第二批价格上限（110架飞机）从未公开。

下图：正在进行风洞测试的JAS 39“鹰狮”的缩比模型。

当开始投资研制和生产JAS 39时，瑞典国防装备管理局慎重启动了这场艰难的讨价还价活动。多年来，新一代战斗机的复杂性和成本都在螺旋式不断上升。当成本增加时，就会导致新机采购数量的下跌，从而使空军部队被迫放弃“一对一”更新计划。因为该机是为了取代仍在瑞典空军服役的余下的第二代和第三代战斗机（“龙”式和“雷”式飞机），因此在不牺牲作战能力的前提下，控制JAS 39的成本是重中之重。

与其他较大的飞机制造商，如达索航空公司、通用动力公司以及麦道公司等相比，对于萨伯公司来说，降低项目的成本是一个很大的难题，因为瑞典的中立政策和严格的武器出口法律，意味着公司不可能有广泛的客户群可以依靠。虽然“龙”式飞机赢得了奥地利、丹麦和芬兰的订单，但是更强的“雷”式飞机没有获得一份单独的出口订单。要出口到欧洲以外，还有另一个问题，“雷”式飞机的RM8发动机是美国授权设计生产的。因此当印度表示有获得“雷”式飞机的意向时，美国国务院行使了其发动机技术转让的否决权，因此破坏掉了一个交易机会。

当时正是重新装备第三代战斗机的时候，像比利时、丹麦、荷兰和挪威都选择了F-16飞机而不是瑞典的飞机。部分原因归咎于政治因素和瑞典的中立政策。总之，如果这些北约成员国采购“雷”式飞机，在发现自己卷入战争的时候，他们的“雷”式飞机能依靠中立的瑞典来提供必要的备件和支持吗？至于奥地利和芬兰，日益开放和竞争激烈的市场意味着他们也都没有必要再次从萨伯公司购买飞机。

所有这一切都表明萨伯公司要想保持盈利，必须在国内市场取得成功。1982年，当决定选择并建造JAS 39飞机时，萨伯公司就根据第四代战斗机首次进入瑞典空军服役将需要400架JAS 39飞机的预期来开始运作；能出口只是意外的惊喜。如果该项目因为成本原因而失败，那对萨伯公司和瑞典其他的航空工业公司的影响将是灾难性的。

右图：由萨伯公司初始设计的首架喷气发动机飞机和可能是最后一种飞机——“飞行酒桶”和“鹰狮”飞机。

第2章 "鹰狮"的诞生

1982年底，瑞典空军的内部杂志《FlygvapenNytt》公布了为JAS 39征名的结果：到本年底，JAS 39被正式命名为"鹰狮"（这是一种美妙的神话动物，狮身但是却长着鹰的脑袋和翅膀）。喻示着瑞典空军的第四代战斗机既具有鹰的警惕和巡逻云霄的能力，又具有雄狮的攻击性。

JAS 39是除了以色列的"幼狮"以外唯一没有专门开发技术验证机的第四代战斗机（仅仅对项目的成本作出了决定），而是用了两架"雷"式飞机来试验部分航电设备和其他设备，以加速开发。1982年9月14日，"雷"式飞机（编号37-52，JA37的第二架原型机）用它的新壳子首次飞上蓝天，该机被用作电子控制系统（(Electriskt Styr System or Electric Control System，简称为ESS）电传操纵试验台。这次飞行历时1小时12分钟，按照试飞员托德·科瑞姆斯（Tord Grims）的说法，系统工作状况良好。在该机退役前，它将完成250多个飞行架次。

在1983年巴黎航展上，"鹰狮"模型上的两个可能的武器挂架清楚地展示了"鹰狮"的战斗力。两个都挂装了有两个翼尖的短程AIM-9"响尾蛇"空空导弹（F-16型风格），但是其中一个可以挂载3枚RBS-15空面导弹，另一个可以挂载4枚"天闪"（Sky Flash）中程空空导弹。

1985年2月11日，萨伯公司首次展示了以1:1比例模拟的"鹰狮"。在6月的巴黎航展期间，萨伯公司宣布，首架"鹰狮"的原型机，39-1，将在1987年按计划进行首飞。后来，萨伯公司的飞机事业部宣布，将在公司成立50周年时，即1987年4月26日，推出原型机，使

上图：1982年期间，在空中试飞的ESS“雷”式37-51飞机。

这一天成为双喜临门的日子。

“鹰狮”39-1的确是在1987年4月26日推出的。萨伯公司的汤米·埃文森（Tommy Ivarsson）披露，项目进展延迟了半年，但是他指出，这并不会影响首架飞机交付瑞典空军的时间。原型机并非完全完成，这解释了为什么参加50周年庆祝活动的来宾，只允许看到飞机的右舷。

如果一切按照原计划，39-1将在1987年第四季度首飞，其他4架原型机每隔6个月首飞。但是，萨伯公司的进度落后了，为了赶上进度，在庆祝活动结束的当晚，39-1就被运回测试机库，马上恢复工作。第二架“鹰狮”原型机，39-2，已经在做最后总装。

弹射试验

飞行试验并不是确定飞机是否适合服役的唯一试验。萨伯公司建造了两个前机身/座舱部分：一个首次用于鸟击测试，之前，另一个已送到英国的马丁·贝克公司做弹射座椅试验。另外，建成了两个单座的疲劳试验构架（39-51和39-52）。到1985年10月，前机身/座舱部分差不多完成了，之后不久就开始了鸟击试验。

1986年3月，马丁·贝克公司交付了使用火箭滑车做的初次高速弹射合格的试样。之后，两个前机身/座舱部分被丢弃（一旦完成疲劳试验，39-51也被处理掉。但是39-52直到1993年才开始它的

16000小时的试验计划；到1996年，已经做了超过8000小时的试验）。

1986年底，第一架“鹰狮”进入最后的总装，1987年1月，前机身和座舱，中央机身和机身尾部对接在一起。当年底，第一架和第二架原型机已经生产出来，但仍没有飞，因为萨伯公司正在忙于解决飞控系统软件问题。

1988年2月底，萨伯公司完成发动机试车，计划39-1在6月首飞。就在这时，发现了一个令人担忧的事情，他们发现在瑞典有一个专门团体正在试图窃取“鹰狮”的秘密。萨伯公司为此特派武警来保卫其办公室、车间和机库。他们怀疑保加利亚大使馆的一名官员在从事间谍活动。

首飞

1988年12月8日晚，瑞典国防装备管理局终于批准了JAS 39“鹰狮”原型机的首飞。为了实现飞行，已经解决了飞机上的许多问题，其中最引人关注的是飞控系统的软件问题，该问题导致试飞计划被推迟18个月执行。试飞计划预计飞行2500个飞行架次，一直到生产型“鹰狮”初始交付计划开始执行的1992

下图：早期艺术家描绘的JAS 39战斗机。

上图：萨伯公司成立50周年时推出的第一个“鹰狮”原型机。因为飞机上的工作远未完成，出席者被允许看到的只是飞机的右舷。

年。瑞典国防装备管理局了解到软件问题的严重性后，意识到交付时间表可能因这18个月的延迟会受到影响。

JAS 39“鹰狮”39-1的首飞在1988年12月9日12时22分开始，飞行了51分钟。试飞员是斯蒂格·霍姆斯特姆（Stig Holmstrom），他1965年入伍，飞过J29、J35和AJ37，在“鹰狮”飞行模拟器上已经飞了约1000个飞行架次。在飞行前，RM12发动机也已经在地面试车中开车时间累计超过4000小时。其中装在39-1上进行试车有30多小时。

在飞行过程中，霍姆斯特姆驾机飞到21000英尺（6400米）的高度，最大飞行速度大约为*Ma*0.8，拉了一个4*g*的过载，迎角最大达到12°。他发现飞控系统的反应要比在地面模拟器上预测的更为敏感，因此，他指出可能需要修改控制命令。

萨伯公司和瑞典国防装备管理局计划让4名萨伯公司的试飞员和2名瑞典国防装备管理局的试飞员试飞“鹰狮”。阿恩·林德霍尔姆（Arne Lindholm）将是第二个试飞员，拉尔斯·罗德斯壮（Lars Radestrom）是第三个；第一个瑞典国防装备管理局的试飞员是梅杰·玛斯·尼尔森（Major Mats Nilsson），预计将要飞原型机的第九个飞行架次。但是，在1988年12月，39-1只飞了2个架次，直到它于1989年2月2日出现着陆事故前，总共只飞了6个架次。

由于飞控系统的软件问题，使39-1早早出现了意想不到的损毁，试飞计划

上图：用于试验弹射的两个前机身/座舱部分中的一个。

左图：1985年6月，马丁·贝克公司的Mk.S10LS弹射座椅正在做零-零弹射试验。

下图：“鹰狮”原型机39-1，它长时间用于地面试验，只飞行了短短的6个飞行架次。

被迫延迟。首架"鹰狮"的首次交付日期被萨伯公司从1992年推迟到1993年初。

到1989年4月上旬，萨伯公司仍希望在年底前实现第二架"鹰狮"原型机的首飞。此时的计划已超过了预算的35%多一点，但是过早地取消计划，对于大多数瑞典人来说，就意味着抹黑自己的航空工业，承认失败。瑞典政府经过彻底的调查得出结论，"鹰狮"仍旧是最便宜的选择。

不过，瑞典政府决定推迟作出是否继续资助该计划的决定，继续订购第二批"鹰狮"到1991年。瑞典空军司令拉尔斯·埃里克·英格伦上将，随后表示"鹰狮"计划没有被取消的危险。

下图：在"鹰狮"原型机39-1首飞前，米尔顿·莫葛博士"用力"把斯蒂格·霍姆斯特姆踢进座舱。

汲取教训

到1989年底，萨伯公司参与该方案的软件设计和工程技术人员已经翻了一番，他们努力想让"鹰狮"在当年底重返蓝天。瑞典事故调查委员会（SHK）指出，萨伯公司如果仔细分析头两次飞行试验的数据，将可以避免39-1的损毁。项目经理汤米·埃文森（Tommy Ivarsson）同意这种说法。

埃文森还报告说，第二架原型机已经完成载荷校准测试，正等待解决震荡问题（在39-1的6个飞行架次中遇到的问题）的飞控系统软件的更改完成。事故调查已经确定震荡不完全是由于天气恶劣和严重的紊流造成的。

萨伯公司在1990年2月底报告，

上图：正在着陆的“鹰狮”原型机，这是它1988年承担的两次飞行试验中的最后一次飞行试验。

已经安装了新的飞控系统软件的“鹰狮”39-2准备首飞；然而，由于瑞典国防装备管理局要全面检查39-2的适航性，因此，萨伯公司说将把39-2的首飞推迟到3月的第一周。在39-1首飞前，瑞典国防装备管理局做过同样的工作，但之后的第二次飞行，瑞典国防装备管理局没有再参与该项目。因此，瑞典事故调查委员会把39-1坠毁的原因部分归咎于瑞典国防装备管理局。所以，瑞典国防装备管理局这次要采取必要的行动，以避免再次犯同样的错误。

1990年3月28日，当“鹰狮”39-2进行高速滑行（低速试验已经做过）试验，当速度达到74.5英里/时（120千米/时）时，前轮轮胎破裂。虽然没有毁坏飞机，但是首飞再次延迟。

1990年5月4日19时49分，阿恩·林德霍尔姆驾驶“鹰狮”39-2执行40分钟的首飞任务。林德霍尔姆已取代斯蒂格·霍姆斯特姆成为首席试飞员，这是他在“鹰狮”上的第三次飞行。这是一个短暂的飞行，林德霍尔姆驾机起飞后仅14分钟就着陆了。

飞机飞到了6562英尺（2000米）的高度，速度达到173~288英里/时（278~463千米/时），但冷却系统的问题导致地面控制中心决定提前结束飞行。该机预计几周内再次试飞。

接下来要飞的原型机将是39-4，这是第四架“鹰狮”原型机。第三架原型机39-3将用于雷达系统的地面试验。首架生产型“鹰狮”飞机也将进入最后的总装。但是，RM12发动机的开发工作遇到了麻烦，当发动机冷起动时出现了推

上图：39-1坠毁后，第二架“鹰狮”原型机的飞行试验项目有意被放缓，并且谨慎地开展。

力损失问题，在一些压缩机叶片上发现了裂缝。

1990年5月，在汉诺威召开的国际航空航天展览会（Internationale Luftfahrt Austelling，ILA）上，萨伯公司宣布，飞控系统软件已做了充分的更改，“鹰狮”现在非常稳定。

同年9月，在范堡罗的英国飞机制造业协会（SBAC）展示会上，试飞队队长波·佩尔伯格（Per Pellebergs）宣布，第二架原型机总共进行了6个飞行架次。这是为了保证飞机安全，避免“鹰狮”飞机出现第二次损毁事故，已决定不仓促执行试飞计划，而是缓慢而仔细地推进试飞计划。

后来在SBAC展示会上，阿恩·林德霍尔姆报告，39-2已经飞行了9次，试飞计划正在积极推进。到10月中旬，所有其他的原型机也正在进行首飞的准备，39-2已经完成22架次飞行。预计在年底前，“鹰狮”39-4也将开展试飞；39-5正在用于毛瑟BK27航炮的测试，39-3仍然在做地面试验。

对未来的担忧

1990年11月底，因为飞行试验计划的延迟，瑞典政府再次把采购第二批

“鹰狮”计划的决定推迟到1992年。公司担心，如果这一决定再次推迟，结果将会导致第一批生产型和第二批生产型之间出现中断，这将意味着项目的结束。

当阿恩·林德霍尔姆驾驶第一架完整装备了航电系统和“玻璃”座舱的“鹰狮”原型机39-4于1990年12月20日实现首飞时，极大地振奋了公司的士气。飞行持续了43分钟，期间进行了系统检查，以查看39-4的操控性能是否与39-2一样。经过两个飞行架次检查，确定系统的工作秩序正常，39-4继续进行发动机测试。到1990年底，三架原型机累计飞行了33个飞行架次。

接下来是1991年3月25日首飞的“鹰狮”39-3，还是由林德霍尔姆试飞。这架飞机首次对完整的雷达系统及其附属系统进行了试飞。此时，4架“鹰狮”原型机还缺64个飞行架次。仅仅过了一个月，4月29日，瑞典国防装备管理局向瑞典政府汇报了“鹰狮”的发展计划。瑞典国防装备管理局汇报的的一些要点是：

- 对飞机的飞行特性试验迄今已达到了预期的结果；
- 试飞员对航电设备和数据系统的初步试验结果是肯定的；
- 雷达的性能要求有可能实现。

“鹰狮”的飞行时间，到4月底已上升到约75小时。到1991年5月13日，5名飞行员驾驶“鹰狮”共飞了83个飞行架次，他们透露飞机的气动阻力要比预计的少，因此，它的表现要比预期的好。

下图：“鹰狮”原型机39-4的首飞极大地提升了萨伯公司员工的士气，加快了试飞进度。

上图：与其他“鹰狮”原型机一样，用于地面试验（包括毛瑟BK27航炮的试验）的39-5也参加了试飞。

随着正在顺利进行的飞行试验计划的实施，“鹰狮”飞机被批准飞编队，并与一架追逐机（一架“雷”式飞机担任）飞机动（“雷”式飞机无法跟上）。在美国杂志《航空周刊和空间技术》(Aviation Week and Space Technology)中，试飞员简·安格尔（Jan Anger）指出，“鹰狮”的加速性和机动性都比“雷”式飞机好。试飞中使用了遥测技术（这种技术可实现把在飞机上采集的数据通过数据链实时传输回地面），以便随时检查飞机的状态。如果必要，进一步的指令便可以反馈给试飞员。

1991年5月28日，首次进行了全“鹰狮”编队飞行，两天后，完成了“鹰狮”的第100次飞行试验。在当年的巴黎航展开幕之前，萨伯公司宣布“鹰狮”实现了不开加力持续超声速飞行，宣告了那一天另一个里程碑的完成。

萨伯公司借此机会也证实，“鹰狮”原型机将不参加航展，因为正在全力进行飞行试验。该公司还表示，测试表明，“鹰狮”的气动阻力小于预期。

数量上的安全

1991年6月14日，瑞典武装部队最高司令将他的预算建议提交给瑞典政府。这些建议包括4个备选预算计划，其中3个直接与“鹰狮”有关。4个计划分别是：

1. 拨付38.5亿瑞典克朗用于支付21个“鹰狮”（JAS 39A和JAS 39B）中队的订购经费，再另外加上额外的资金用于“鹰狮”的发展；
2. 拨付36.1亿瑞典克朗用于支付18个“鹰狮”（JAS 39A和JAS 39B）中队的订购经费；
3. 拨付32亿瑞典克朗用于支付16个“鹰狮”（JAS 39A和JAS 39B）中队的订购经费，但是不用双座的（此选项将使“鹰狮”更昂贵，训练和安全的问题更多，更难赢得出口订单）；
4. 拨付32亿瑞典克朗用于与计划1同样的飞机数量，但把入伍者的数量减少到1200人。

瑞典国防装备管理局随后发出了由110架单座JAS 39A组成的第二批生产型飞机的一个需求方案说明书，和一项包括发展双座JAS 39B飞机的备选提议。IG-JAS合作团队于1991年10月1日提交了对提议的回应：建议瑞典国防装备管

下图：“鹰狮”原型机39-2至39-5。图中只有39-2原型机没有使用黑色机头雷达天线罩。

理局把提议提交给瑞典政府，从瑞典政府获得任务后与IG-JAS合作团队进行合同谈判。

IG-JAS合作团队建议的有效期为一年，以给瑞典的政治家们提供作出决定的时间，但是，一个星期后，在《瑞典日报》上，国防部长安德斯·布列科（Anders Bjorck）发言支持双座“鹰狮”，他指出，双座“鹰狮”是“鹰狮”计划的重要部分，并可以大大帮助“鹰狮”获得海外客户的订单。

IG-JAS合作团队和瑞典政治家考虑到未来的“鹰狮”生产和瑞典的国防要求，“鹰狮”的试飞架次继续快速增长。9月26日，在SETP年度研讨会上，波·佩尔伯格报告了试飞队所取得的进展。

飞机	飞行架次
39-1	6
39-2	67
39-3	41
39-4	45
37-51①	207

① ESS“雷”式飞机。

他还指出，5名萨伯公司和2名空军的试飞员正在试飞飞机，并且3架幸存的原型机都装备了改进后的发动机。3天后，在拉普兰（Lapland）上空首次分离发射了Rb74“响尾蛇”空空导弹。

1991年6月19日，爱立信雷达电子公司（Ericsson Radar Electronics AB）和法国的马特拉防务公司（Matra Defence）在巴黎航展上签署了一项协议，共同在市场上推销为“鹰狮”开发的主动雷达“米卡”（MICA）空空导弹（AAM）。该协议的目的是确保用于瑞典“鹰狮”计划的中程雷达导弹的订单，并在其他出口市场上进一步加强合作。与其竞争的是美国休斯导弹系统公司（Hughes Missiles Systems）和雷神公司（Raytheon）生产的中程空空导弹以及由英国宇航公司生产的新型主动寻的式“天闪”导弹。

双百

1991年10月16日，“鹰狮”进行了第200次飞行，此时，萨伯公司与瑞典空军之间对“鹰狮”的飞行品质存在一些分歧。经过200次飞行，“鹰狮”已经显现出了它的长处和弱点；萨伯公司想要解决后者，但认为瑞典空军应支付额外的费用。瑞典空军当然不愿意，因为他们认为，“鹰狮”的弱点正是由于设计缺陷造成的，从成本的角度来看，当然应该由萨伯公司负责。

10月23日，当试飞员比利科·儒勒

（Weikko Sunell，德语）首次在39-5上飞行后，“鹰狮”已经飞了216个飞行架次，共152飞行小时。12月9日，这一数字上升到278个飞行架次，此时，10个试飞员（其中3个来自瑞典国防装备管理局）都已飞过“鹰狮”飞机。过载已经达到7g。

1991年12月，瑞典政府指示瑞典国防装备管理局与IG-JAS合作团队开始就第二批“鹰狮”的问题进行谈判，其中包括15架双座JAS 39B。随后，110架“鹰狮”的合同于1992年6月2日签订；其中包括14架双座JAS 39B，其中的原型机将改装成单座的JAS 39A生产型。意向的确定加快了JAS 39B的研制，从而提高了“鹰狮”赢得出口订单（当时“鹰狮”正在竞争来自芬兰的订单）的机会。如果“鹰狮”早期出口成功，将可能有助于降低瑞典空军采购未来批次“鹰狮”的成本。

德国人的兴趣

1992年1月，波·佩尔伯格接替托·福斯川姆（Tore Forsstrom）成为飞行和系统测试部经理。同年3月，“鹰狮”团队取得了超过350个飞行架次，数量的不断增加，反映了原型机更多的可使用性。随着飞行试验的进展，萨伯公司和瑞典国防部向德国代表介绍了“鹰狮”飞机（德国政府正在酝酿购买欧洲战斗机和“鹰狮”进行组合的想法）。

在此期间，Rediffusion, Loral, CAE和 Link-Miles公司都向瑞典国防装备管理局递交了投标书，希望赢得“鹰狮”飞行模拟器的生产合同。业内专家认为这一需求的条件是非常苛刻的。1992年6月19日，Loral公司与瑞典政府签订了设计和建造两个多任务“鹰狮”模拟器的合同。

截至5月20日，5架原型机已经飞行了469次。波·佩尔伯格估计1000个飞行架次后，萨伯公司将准备交付首架生产型“鹰狮”。

第二批

1992年6月3日，瑞典议会决定发放第二个110 架“鹰狮”的订单。也就是第二批订单，包括研制双座JAS 39B；第二批110架“鹰狮”中的11架就是这种型号。瑞典空军的订单达到了140架。

虽然欢迎这一决定，但是对于萨伯公司来说，这一决定来得太迟了，并不能帮助公司赢得“鹰狮”早期的出口成功。因为瑞典议会在3月10日之前作出的决定，可能影响了“鹰狮”出售给芬兰空军的出价。机会不见了。芬兰空军后来采购了麦道公司（现并入波音公司）64架F/A-18C/ D“大黄蜂”，其中7架为双座改型机。

1992年6月16日，波·佩尔伯格宣布，5架“鹰狮”原型机已飞行了500个飞行架次，共约400飞行小时。到6月25日，“鹰狮”机身已测试到过载9g（最大过载），首架生产型飞机39101（在春季已抵达测试机库）已经完成了大部分的地面试验，并预期在初秋开始飞行。

瑞典皇家的嘉许

1992年9月，“鹰狮”在范堡罗国际航空展首次亮相。出席航展的“鹰狮”飞行员之一是拉尔斯·罗德斯壮，他对于范堡罗来说并不陌生，因为他曾在这里作为瑞典空军上尉飞过“雷”式飞机。瑞典国王卡尔十六世古斯塔夫和首相卡尔·比尔特（Carl Bildt）在9月6日出席并见证了“鹰狮”的第一次范堡罗飞行表演。

原型机39-3和39-4因为出席航展耽误了一周的试飞进度。但是，它们出现在航展上，表明一个明确的信号，那就是萨伯公司希望向平时的中立边界以外的国家出口“鹰狮”。

在航展上，39-4进行了飞行表演；39-3用于静态展示（在航展的公众日前，它挂着副油箱飞回了瑞典）。

9月7日，瑞典国防部部长安德斯·布列科亲自驾驶SK37“雷”式飞机由另一架“雷”式飞机伴飞进行了飞行表演。布列科这样做是想促进“鹰狮”的出口，并表明瑞典政府同意萨伯公司的出口野心。他说，政府批准未来五年的国防预算意味着军费开支实质上升，而这是瑞典政府在其他欧洲国家在财政上削减国防开支的背景下做出的决定。他的声明明确告诉瑞典的将军们，你们没什么可抱怨的。

布列科还表示，希望在一年的时间里，作出为“鹰狮”采购并装备中程空空导弹的决定。他指出，法国的“米卡”、美国的AIM-120先进中程空空导弹（AMRAAM）和英国的“天闪”都是他们的考虑对象。他强调，法国赢得了很好的机会，因为他们已经宣布愿意为“鹰狮”的出口提供装备的部分转让权利。

与此同时，德国在欧洲战斗机（EFA）计划上，由于一项建议(它不会需要一个EFA类型的战斗机，而是需要一个被称为“简化版的EFA”（'EFA-lite'）)，引起了一些风波。安德斯·布列科对此作出反应，表示虽然“简化版的EFA”和“鹰狮”不是相同的飞机，但是它们有相同的概念，毫无疑问，其他国家可以借鉴瑞典的做法。

在展会的第一天，天气恶劣，其他战斗机大多都不敢起飞，而39-4照常起飞和飞行，这为"鹰狮"建立了反应迅速和积极的印象。表演结束，39-4展示了"鹰狮"的短距着陆能力和在主跑道上进行360°转弯的地面机动性。

萨伯公司还提出了以下飞行试验计划的进展：

- 基本型飞机的最大速度和高度的飞行包线已经确定。
- 正在进行最大外挂武器载荷的测试。
- 最大过载试飞已达到9*g*。
- 27毫米口径的航炮空中发射已经取得了良好的结果。
- "响尾蛇"红外导弹在不同的飞行条件下发射都没有问题。
- DWS39防区外子母小炸弹散布器的首次分离试验取得了良好的效果。
- 试验机上的飞控系统和航电系统的软件更新正在进行（这些飞机已接近其最初的生产标准计划的版本）。
- 发动机台架试验和飞行验证的结果是肯定的。
- 显示系统已在黑暗中和明亮的日光下进行了测试（基本的显示特性得到了试飞员高度的赞扬）。
- 进一步发展显示器，目的是在执行复杂任务时减少飞行员的工作量。
- 改装了"鹰狮"雷达和显示系统的"雷"式飞机已经进行了200多个试飞架次，验证了雷达功能和性能良好。
- 爱立信雷达电子公司在升级的标准计算机（OBOE）的发展上取得了进展。
- 生产型系列正在取得进展：39103和39104在进行最后总装，39105到39116正处在不同的施工阶段。
- 39101正在首飞前的最后冲刺阶段（虽然是受损的首架原型机39-1的替代品，但它已经作为生产型飞机涂装了瑞典空军的装备色）。
- 39102已经完成了最后的总装，准备做最终的进一步测试，预计在来年的春天可交付客户。

1992年9月10日，"鹰狮"39101进行了首飞；飞行持续了44分钟，这是试验计划中的第594次飞行。

首批交付的飞机

1993年6月8日，JAS 39A 39102成为首批交付瑞典空军的"鹰狮"飞机。这成了林彻平上空飞过四代萨伯公司战斗机（"长矛"、"龙"、"雷"，当然还有"鹰狮"）飞行历史的标志性事件。

就在第二天，"鹰狮"首次在公路

上图：1992年，正在进行微波试验的一架“鹰狮”原型机。

左图：“鹰狮”原型机39-3和39-4出席了1992年的范堡罗航展，这是原型机首次也是最后一次参加航展。该图为原型机过境飞往航展的情景。生产型“鹰狮”参加航展是4年以后的事情。

左图：“鹰狮”承载能力的一个早期的宣传照片。引人注意的是外挂梁上的白色电子干扰（ECM）吊舱。

上着陆。这是一个非常重要的事件，因为瑞典空军未来的前线作战能力就立足于新的BAS90系统（即把正常道路用作分散基地，以帮助瑞典空军在战争中长时间生存）。这些分散的基地很难被探测和摧毁。

上图：其中一个原型机配装的各种武器载荷展示，这是“鹰狮”将计划装备的。

工作进度报告

“鹰狮”没有参加1993年巴黎航展，但是在6月10日，波·佩尔伯格在萨伯公司的新闻发布会上透露了以下信息：

飞机	飞行架次	飞行时间/小时
39-1	6	5
39-2	297	183
39-3	242	187
39-4	289	187
39-5	191	197
39101	66	57
39102	31	24
总计	1122	840

注：“雷”式37-51已经装备“鹰狮”的装备完成了238个试飞架次。

“鹰狮”39-2用于拓展完整的速度、高度和过载的飞行包线，以及轻型与重型外挂载荷的试飞；迎角已达到26°。“鹰狮”39-3正在试飞雷达、数据链、武器和导航系统等这些系统具备的基本功能；这些系统之间的相互关联仍需要做许多工作。“鹰狮”39-4被用来试验RM12发动机，包括发动机多次空中起动。“鹰狮”39-5试飞的系统与39-3相同，但同时还有通信、液压、侦察和预警系统。首架生产型飞机39101（它是作为39-1的替代品），用于试飞还没有成为第一批生产型“鹰狮”列装标准的装备。

波·佩尔伯格还宣布，39103到39108飞机正在做最后的总装，39109到39122飞机处于组装的不同阶段，首批两架飞机零部件正在进行制造。6月，上校扬·安德森（Jan Andersson）和少校爱乐·恩德（Olle Eldh）成为了首位驾驶真正“鹰狮”飞机的飞行员。

上图：“鹰狮”原型机39-2在飞行试验计划期间进行了大量的武器挂载试验。

下图：从只在翼尖挂装了两枚Rb74“响尾蛇”导弹的首架生产型JAS 39A 来看，“鹰狮”的平滑气动力外形线是很明显的。

下图：JAS 39A 39102飞机带领旧的萨伯飞机（“长矛”、“雷”和“龙”）的编队在庆祝会上飞过，以纪念首批“鹰狮”于1993年6月8日交付瑞典空军。

第二架损失的飞机

1993年8月，试飞员米卡奥·塞德尔（Mikael Seidl）才首次试飞“鹰狮”，但是当月8日，第二个生产型飞机，39102在事故中坠毁。4天后，瑞典武装部队的最高总司令，本特·古斯塔夫索恩（Bengt Gustavsson）被要求汇报“鹰狮”计划推迟交付可能导致的使用和经费后果。一个难题是，39103已计划于1993年10月交付，但此时交付将被搁置。

到1993年9月底为止，为了使“鹰狮”重返蓝天，瑞典国防装备管理局和IG-JAS合作团队约200名工作人员加紧工作，萨伯公司希望“鹰狮”能在11月再次开飞。按照最高总司令的说法，延迟成本，不包括飞机的成本，约为9300万瑞典克朗，其中4200万瑞典克朗将由萨伯公司承担，3800万瑞典克朗将由瑞典国防装备管理局承担，其余部分将通过调整计划来补偿。第一批生产型飞机39103和39104将晚于计划交付，但是希望这两架飞机之后的飞机要按时交付，因为他们的建造一直在不间断地进行着。

在1993年10月，瑞典国防装备管理局提交了“鹰狮”试验计划的一个截至6月30日的状态报告，略高于39102坠毁前的一个月。该报告指出，试飞队已取得

左图：第一架和第二架生产型“鹰狮”，39101和39102，其中“101”在它的左侧机翼外挂梁上挂载了一枚RBS15F和一枚Rb75“小牛”导弹。

了约1200飞行架次、已经测定出没有外挂的完整的飞行包线，RM12发动机表现出色。但是，该报告也指出，微型涡轮公司的辅助动力装置（APU）仍在飞行中引发问题。

39-2“鹰狮”于1993年12月29日恢复飞行，这是39102坠毁后的首次飞行。现在每个试验机的发动机进气口侧面（鸭翼之下）都饰以橙色圆圈，以告诉摄影师，使用的是（因意外坠毁）更新后的FCS软件。

左图：第一架和第二架生产型“鹰狮”，39101（左边）和39102，的编队照片。原型机39-1损失后，“鹰狮”39101被指定为39-1的替代机执行试飞计划。

下图：“鹰狮”的组装流水线。黑色的机头雷达罩表明该机是第一批的“鹰狮”飞机。

1994年3月，“鹰狮”计划的状态报告提供了以下信息：

- 已经测定了整个飞行包线（速度、高度、过载、迎角、外挂载荷），完成了总试飞计划的60%，并完成了合同核查的80%工作量。
- 在第一架生产型飞机交付之前，成功完成客户评价。
- 发动机在飞机上的功能和性能表现良好；推力也被测定。

- 气动阻力低于预期。
- 加速性、速度和航程优于规范的规定。
- 转弯性能也优于规范的规定。
- 再次飞行准备时间和机务准备时间也优于规范的规定。
- 根据规范中的力学环境要求正在进行飞机内装炮的试验。
- 翼尖的“响尾蛇”空空导弹的发射过载达到6*g*。
- “小牛”反舰导弹的发射过载达到3*g*。
- 进行了ARAK 70 火箭吊舱分离试验，DWS 39防区外子母小炸弹散布器和RBS 15反舰导弹的分离试验。
- 进行了副油箱的分离试验。
- 飞行试验达到了9*g*设计过载；测量载荷同预期或更低。
- 结构件进行了全面的静态、疲劳和损伤容限测试。
- 完成机体静力试验，成功达到极限载荷的230%。
- 正在进行全尺寸机身的疲劳测试，目标是在1995年达到6000小时，现在已经完成1000小时的测试。
- 基本型飞机系统的性能满足规范——在许多情况下，性能已超过了规范的规定。
- 飞行品质获得飞行员高的评价等级（即使在重型外挂载荷下）；良好的着陆性能（即使在狭窄的道路基地上）。
- 飞行控制系统的后备模式测试（数字式操控和模拟式操控效果一样）。
- 良好的航空电子系统集成性能。
- 对电子显示系统的视见度、视野和图像，试飞员给出了极高的评价等级。
- 在攻击、格斗、侦察模式，雷达表现出了良好的功能和性能。
- 39103到39113飞机正在进行调整试飞或总装，计划于1994年交付这10架飞机。
- 39114到39128飞机在结构总装的不同阶段。

右图：“鹰狮”原型机39-2的鸭翼下可见一个突出的橙色光圈，这表示从1993年8月8日39102飞机坠毁后，该机已经安装了改进的FCS软件。

左图：装备了ARAK 70火箭吊舱的39-2原型机。

后续将完成包括大迎角、极端温度、持续的武器系统测试、飞行控制系统和航空电子系统的优化等方面的飞行试验。

“鹰狮”缺席9月初范堡罗航展的理由是：没有可用的飞行表演飞行员。拉尔斯·罗德斯壮已经从试飞队退休，因为他已经到了萨伯公司军用飞机部规定的军机试飞员年龄限制的50岁；后来，他在萨伯公司民用飞机部作为民机试飞员继续飞行。

武器综合

1994年11月16日，“鹰狮”的试飞达到1500个试飞架次，当月，还完成了与Rb75“小牛”反舰导弹的兼容性试验。接下来，系统集成工作的结果要通过在瑞典北部的RFN靶场试射作战导弹来验证。在整个任务期间，仍在进行与Rb74“响尾蛇”空空导弹和DWS39武器分离器的试验，并要完成系统检查。

下图：正在做静力试验的“鹰狮”飞机，迄今为止，它是用鲨鱼嘴作装饰的“鹰狮”家族的唯一成员。

当瑞典国防装备管理局与爱立信公司签订了一份几十万个甚至更多的发射/接收模块的雷达研究合同时，有源电子扫描阵列的研究（AESA）已经开始进行。该雷达将在2000年后装备“鹰狮”飞机。

交付概略

在1994年12月初，生产型“鹰狮”39106和39107飞机进入调整试飞，到本月的13日为止，已经交付了39103、39104和39105 “鹰狮”飞机。39108到39122飞机正处在机库的准备或总装配套阶段， 39123至39139飞机正处于不同的建造阶段。已完成约70%的飞行试验。

上图：令人印象深刻的"鹰狮"原型机39-2的外挂物组合。除了"响尾蛇"空对空导弹和BK27机内炮外，还有最初测试的武器装备空对面和反舰导弹。

原型机39-2已涂装黑色，用于在1995年承担一些先进的大迎角和尾旋试验计划。

下面是对来自于公司/单位账户的19名飞行员的统计分析，截至1994年底，他们将（或已经）参与了"鹰狮"的飞行试验计划：

- 萨伯公司：10名飞行员，其中3名已经从试飞队退休或不再参与试飞。
- 瑞典国防装备管理局：5名飞行员，其中一名已不再飞行。
- 瑞典空军：2名飞行员，仍在飞。
- 瓦尔梅特（Valmet）公司（芬兰）：因为芬兰决定购买F/A-18C"大黄蜂"，所以该公司首席试飞员不再参与"鹰狮"项目。
- 芬兰空军：1名飞行员（芬兰第三个评价"鹰狮"模拟器的飞行员），也不再参与。

1995年，萨伯公司接触荷兰国家航空航天实验室为以下两个原因寻求帮助：一个是因为萨伯公司只有一个固定基座的模拟器（在林彻平），需要得到外界帮助；另一个是该公司需要对更多的考虑因素进行评估。

荷兰国家航空航天实验室用其带有主动和非主动运动机构系统的国家模拟器设施进行了研究。当运动机构系统关闭时，模拟结果与萨伯公司模拟器的试验结果相似；但是，当运动机构系统打开时，模拟器的结果非常接近在相同情况下的实际飞行试验结果。萨伯公司和荷兰国家航空航天实验室在此项研究上的合作至少持续到1996年10月，对单座和双座"鹰狮"的软件都进行了评估。

1995年3月9日，瑞典政府要求国家审计署（Riks Revisions Verket）检查"鹰狮"计划的经费使用情况。也是在3月，瑞典国防装备管理局在林彻平市外面的马姆斯拉特（Malmslatt）基地用生产型飞机开始进行飞行演练。

软件更改

3月22日，被称为P11的飞控软件的新版本进行了第一次飞行，该版本因为其滤波器而受到多方关注。采用P11的名称是因为用了11个滤波器来防止驾驶员诱发震荡（这是前两次事故发生的原因）的发生。在把新版本的软件安装到所有的"鹰狮"试验机之前，萨伯公司进行了约30次飞行试验。（于秋季开始在生产型"鹰狮"上安装该版本软件）。新版软件的最大优势是可允许在整个飞行包线内评估"鹰狮"飞机。

1995年4月11日，"鹰狮"39108进行了首飞，在飞行员的要求下，该机对低支点驾驶杆的把手进行了重新设计；旧的驾驶杆在"鹰狮"进行编队飞行或做大迎角机动时容易导致飞行员的手臂和手部肌肉僵硬。到4月28日为止，"鹰狮"项目的总飞行架次已经达到1825次，在1726次试飞架次中有18次涉及到新版的P11软件。

1995年5月4日，萨伯公司的试飞员雷纳·里德维克（Reino Lidvik）驾驶39109进行了首飞；该机的特征是黑色的机头雷达天线罩，这是19架飞机中第一个如此装备的飞机。5月中旬，由萨伯公司承担的合同要求飞行验证的比例上升到90%；264个要求中的219个必须由萨伯公司完成，剩余部分由IG-JAS合作团队的其他合作伙伴完成。必须完成的验证试验总数为3500；完成验证的只有下面两个：

上图：3架第一批的JAS 39A"鹰狮"在交付瑞典空军前，正在机库做最后准备工作。

- 在最大功率满载情况下的放弃起飞，然后在全装备和带武器载荷起飞时制动。
- 在狭窄的道路（长800米（2625英尺）、宽9米（30英尺））上起飞/着陆。

到1995年5月30日，整个"鹰狮"机队已经完成了1869次飞行，其中有1759次是试飞架次（第1772次试飞见证了1500试飞小时的完成）。生产型"鹰

左图："鹰狮"原型机39-2，绰号"黑美人"，在1995年用于大迎角试验时的配色方案。

宇航公司最大的销售支持网络，这将为飞机的出口提供更好的机会；英国宇航公司的约翰·韦斯顿（John Weston）与萨伯公司的本特·翰哲（Bengt Halse）的握手照片被登载在报纸上。

采购"鹰狮"也给了英国宇航公司一个绝佳的飞机组合，瑞典飞机补充到"鹰"教练机和欧洲战斗机之间，因为它比后者更轻、更便宜，填补了两个机型之间的空白。这种合作的目的并不是为了避开瑞典严格的武器出口规定，况且，现在"鹰狮"出口要受到这两个国家法规的约束。作为营销努力的回报，英国宇航公司将收到出口"鹰狮"45%的生产工作。

现在瑞典空军的后续订单，预计将在75到110架飞机，而不是原先计划的160架。"鹰狮"的国际销售将使用与瑞

狮"39105到39109已经交付瑞典空军（这是5月期间交付的最后2架飞机），39110和39111正在被萨伯公司使用，6月交付瑞典空军。

1995年6月11日到14日，一架"鹰狮"（39-4）在巴黎勒布尔热（Le Bourget）举办的巴黎航展上做了静态展示，这是该机在航展上的首次亮相。

6月11日，米切尔·塞德尔驾驶原型机39-4飞往巴黎，第二天，该机参加了英国宇航公司与萨伯公司的供销合同签约仪式。此举使萨伯公司获得了英国

典国内不同的日期标志，尽管后者仍然会在其本国使用。

扬·安德森，曾在坠毁的39102“鹰狮”上飞过两次，也出席了巴黎航展并进行营销努力。安德森说，现在的“鹰狮”飞行比以前更好、更安全。瑞典空军司令，肯特·哈雷斯考格（Kent Harrskog）中将，在本月稍后首次驾驶“鹰狮”进行了飞行。

1995年12月提出的“鹰狮”状态报告指出以下几点：

- 所有合同要求的95%已经得到了验证。
- P11版的FCS软件已经全面完成飞行测试，成绩优异。
- E12航电软件的生产型正在进行飞行测试，到目前为止，效果还不错。

上图：这张JAS 39A 39108的起飞特写显示了前置鸭翼的宽度。这是第一次使用一个新型的低支点驾驶杆进行飞行的飞机。

- 第二批飞机的APU正在进行飞行测试。
- 实际飞行性能优于规范。
- 仍需要做的试验包括用于战术行动的航电系统的优化和大迎角试验计划。

1995年12月22日，夸斯·詹森（Clas Jensen）驾驶39-4从林御平市起飞执行萨伯公司“鹰狮”的第2000次飞行——20个月前他还执行了第1000次飞行，他此行要测试APU，一切都很顺利。

首位英国飞行员

1995年底，已交付12架生产型“鹰

狮"：39102到39112和39120；39121到39123正在交付前的最后批准阶段。保罗·霍普金斯（Paul Hopkins），一名英国宇航公司的飞行员，在1996年2月的第一周试飞了"鹰狮"，成为首位试飞"鹰狮"的英国飞行员，也是继芬兰两名参与"鹰狮"飞机评估的飞行员之后第三名驾驶"鹰狮"的国外飞行员。霍普金斯也将是在单座"鹰狮"飞机上进行首次飞行的最后一名国外飞行员。

与此同时，3月12日，瑞典国防装备管理局向罗克韦尔公司发放了一份研制一种新的无线电系统（被称为镭90（Ra 90）的合同，这是战术无线电系统（TARAS））的部分订单。镭90是一种新的数字跳频通信系统，它将用于"鹰狮"和战术空军中心之间的语音和数据的交换。在研制期结束时，可以进行一个生产型选项，即探讨将其应用于海军的设想，以便与瑞典海军采取联合行动。

到年中，"鹰狮"已经飞行了2180个试飞架次，其中在生产型飞机上进行了600多个架次。瑞典政府正在考虑安排年底装备升级的资金。瑞典武装部队最高统帅估计，预算削减可能会高达25%，因此必须按照重要性对装备更改的优先顺序进行必要修改：

- 头盔瞄准具。
- 空中加油系统。
- 红外搜索和跟踪（IRST）系统。
- EP-17显示器更新。
- 新型发动机。

新型发动机是预算削减最可能的受害者，因为它提供不了足够的额外性能，以证明其是物有所值的；既可以提高"鹰狮"的出口机会，同时又能降低瑞典空军的成本的更改是更重要的。

第二批的PP12

1996年8月20日，第二批的首架"鹰狮"39131，由萨伯公司的试飞员雷纳·里德维克驾驶首次飞上蓝天，飞行持续了大约1小时。这是没有配备爱立信PP1和PP2两个处理器的第一架生产型飞机，该机配备了PP12处理器，该处理器的处理能力更强，同时又节约了飞机空间，减轻了飞机重量。

8月24日和25日，瑞典空军为了庆祝其建立70周年，在永比海德（Ljungbyhed）举办了航展。"鹰狮"39113参加了静态展示，而由39104、39121、39124和39126组成的4机编队进行了飞行表演。最后，肯·林德伯格（Ken Lindberg）少校在39120飞机

上展示了他的“鹰狮”独奏。

上图：4架早期生产型JAS 39A（39103到39106），背景是原型机39-4。

“鹰狮”与联合攻击战斗机（JSF）

鉴于萨伯公司和英国宇航公司的协议，需要范堡罗航展进行一个最高级别的大市场营销努力。斯蒂格·霍姆斯特姆和其他的3名萨伯公司试飞员，加上作为瑞典空军表演飞行员的肯·林德伯格都出席了航展。这时，萨伯公司宣布，到2002年将对“鹰狮”可视化技术进行验证飞行，未来配备推力矢量以保证与JSF竞争，并把空中优势保持到2030年。也就是说，在整个计划寿命周期，“鹰狮”都在为瑞典空军服役。其他计划中的升级还包括必须确保“鹰狮”对JSF具有相对优势。一种选择是，据沃尔沃公司官方透露，将把多轴推力矢量喷管的尺寸减到适合“鹰狮”的大小。

接近圣诞节的时候，在12月13日，瑞典议会表决赞成额外增加4个“鹰狮”中队的装备，将飞机的订单数量增加到约200架。未来，瑞典空军将辖有13个中队，而不是原计划的16个中队；其中12个中队将装备“鹰狮”飞机。

第三批“鹰狮”的确切数目将取决于商定的价格，单座和双座的组合，以及是否有升级。第一批最后一架“鹰狮”已交付瑞典空军，据宣布，下一个接收基地将是恩厄尔霍尔姆（Angelholm）（F10联队），然后是乌普萨拉（Uppsala）（F16联队）。

上图：第一批JAS 39A 39120飞机的起飞抬前轮时刻。请注意机头雷达罩后面的7，表示是（或将是）分配给F7联队的。

在接受记者采访时，瑞典武装部队最高司令欧·温克吐温（Owe Wiktorin）上将说，军队将通过减少部队人数的方式，为未来新的国防装备的投资提供必需的资金，争取实现整体减少约25%的军事组织。

下图：在这张使用闪光灯拍摄的F7联队的JAS 39A 39116飞机飞过瑞典一些寒冷地区时的风景照片上，可见到生产型“鹰狮”垂尾上的高清晰可见的两位数字战术代码，包括39127也显示出来了。

未来，约48%的预算将用于新装备的发展和采购。他补充说，“从军事方面来说，我们应该照顾我们的国防工业基地，不是为公司着想，而是因为它是军队的利益，要知道，不管是现在还是未来，我们都必须有一个强大的国防工业作为依靠。”

仅仅过了3个月，第二批的第一架“鹰狮”39128进行了首飞，并于12月19日交付瑞典空军。第二批飞机很容易辨认，它涂装了低视见度的防空灰色涂装

上图：JAS 39A 39127（最近的那一架）第一批最后一架使用黑色的机头雷达天线罩的“鹰狮”飞机。这两架“鹰狮”都装备了AKAR 70火箭吊舱。

方案和暗色调的标记。第一批“鹰狮”飞机在机头天线雷达罩后面都有一个黑色的“7”字（“鹰狮”39109到39127都是黑色的），以表明它们是隶属于驻扎在赛提纳斯（Satenas）的F7联队的“鹰狮”飞机。垂尾上涂着大大的红色/橙色的两位数字的战术代码。第二批交付的飞机（和第一批最后两架飞机）使用了新的低视见度的涂装方案，而且所有的字母、数字和国徽都使用了暗灰色。

人事变动

1997年上半年，萨伯公司进行了一些人事变动。阿恩·林德霍尔姆由萨伯公司军用飞机首席试飞员晋升为试飞部的行政主管，而新的首席试飞员是前副首席试飞员夸斯·詹森。因为50岁的军机试飞员年限到了，阿恩·林霍尔姆从现役试飞员中退役。

1997年5月，“鹰狮”开始进行低温试飞。瑞典一些地区冬天非常寒冷，试飞工程师要确认在瑞典的低温条件下所取得的试飞结果。因此，一架“鹰狮”被置于下博斯坎比基地（Boscombe Down）的英国国防部测试评价机构的环境试验设施中两个星期。“鹰狮”置于温度为–40℃的环境中24小时。当飞机的环境温度稳定时，对机载设备的各个项目进行了测试，观察它们在这样的条件下工作是否正常。

上图：JAS 39A “鹰狮” 39132，第二批的早期飞机，展示了从大大的战术代码、全彩色国徽到更柔和的低可见的字母、编号和国徽的涂色方案的变化。

“鹰狮”飞机正常的起动过程是这样的：首先是辅助动力装置，然后是发动机。在低温情况下，机载计算机运行自己的测试程序，以确保机载计算机没有故障，而试飞工程师核实，在这样的低温下，操纵面的液压动力工作情况。预计，过些日子，“鹰狮”将返回下博斯坎比基地的测试评价机构进行类似的高温试验。

“鹰狮”的出口

1997年6月16日，在巴黎航展上，萨伯公司和英国宇航公司宣布了对出口型“鹰狮”更明确的界定。其中一个选项是在座舱的右侧安装一个可伸缩的空中加油探头。为了保持出口型“鹰狮”尽可能低的成本，瑞典空军的“鹰狮”将尽可能与出口型的“鹰狮”有更多的共性。

同时再次强调了“鹰狮”是第一种现役的第四代战斗机；英国宇航公司的约翰·韦斯顿指出，洛克希德·马丁公司推销F-16的广告语是“具有一代经历的第四代飞机”，但是，他觉得用一种礼貌的方式来说，F-16应该是对航电系统进行了升级换代的第三代飞机。

爱立信公司展示了首个有源电子扫描阵列（AESA）天线，展示结束后不久，就用带有100个发射/接收模块的模型开始了地面试验。

有源电子扫描阵列的主要特点是：

- 波束方向的瞬间变化。
- 快速灵活的波束聚焦。
- 扩大了探测范围。
- 提高了跟踪性能。
- 有效地抑制干扰。
- 灵活地使用主动/被动雷达。
- 提高了空战机动性。
- 可以进行数据通信和数据链接。

1997年6月26日，第三批64架“鹰狮”订单被签订，它包括另外14架双座“鹰狮”飞机。现在瑞典空军的订单为204架“鹰狮”飞机，其中包括28架双座“鹰狮”飞机。该合同文件证实，瑞典空军只有12个中队配备“鹰狮”飞机，而前两批飞机，它们中所有的JAS 39A和JAS 39B，将进行23项更新，包括：

上图：在冰冻的湖泊和山脉上进行低飞行高度训练是一种令人兴奋的体验。较接近的两个灰色色调配色方案，可以使F7联队的JAS 39A 39149飞机与周围环境相融合，但是白色的武器外挂有些显眼。

下图：萨伯公司在1997年5月执意把“鹰狮”送到下博斯坎比基地，在-40℃的低温下测试飞机给瑞典靠近北极的事实增加了讽刺意味。

上图：在萨伯公司成立60周年的庆典上，飞行员肯·林德伯格驾驶JAS 39A 39120进行了单机飞行表演。

- 较大的彩色多功能显示器（MFD）。
- 增强预警和对策系统。
- 减少雷达显示特征。
- 红外成像传感器。
- 进一步发展PS–05/A雷达。
- 升级计算机和数据总线。
- 一个新的数据盒。
- 头盔瞄准具。
- RM12发动机的改进，包括一个新的涡轮机，改进的火焰稳定器和分别从洛克希德·马丁公司，通用电气公司和沃尔沃航空公司引进的新的全权限数字发动机控制（FADEC）。

右图：1997年9月6日和7日，第一批和第二批"鹰狮"飞机的四机编队是庆祝萨伯公司成立60周年飞行表演的一部分。第二批进入服役的"鹰狮"飞机因为没有重要的试验改进，因此在两个批次的飞机之间差别不是很明显。

- 一个新的导航和着陆系统。

新的第三批飞机也将进行：

- 更进一步的目标特征管理措施。
- 用于在大重量起飞时的更结实的起落架。
- 在机身下靠近机腹副油箱的位置，增加两个新的专用导弹挂架。
- 空中加油装置和机载氧气生成系统的筹备工作。
- 后座位置的更新。

萨伯公司成立60周年

萨伯于1997年9月6日和7日，举行了庆祝其成立60周年的大会。"鹰狮"39144和39801（JAS 39B的第一架生产型飞机）以及几架老式飞机在公司产品的静态展区做了展示。超过6架"鹰狮"进行了飞行表演，39120进行

了单机飞行表演，39113、39121、39134和39123做了4机编队飞行表演；然后，39135与大多由萨伯公司设计和建造的喷气式飞机代表机型（J29，J32，J35，JA37和Sk60）参加了低空通场。

飞“鹰狮”的第一位瑞典国防大臣是比约恩·冯·叙多（Bjorn von Sydow），他于11月29日飞了“鹰狮”飞机，前座驾驶员是夸斯·詹森。当月，萨伯动力公司向瑞典国防装备处交付了红外搜索与跟踪系统，被命名为IR-OTIS，该系统曾被加装在“雷”式飞机上进行了试飞。

“鹰狮”在柏林

1998年5月18日至24日，在柏林举行的国际航空航天展览会上，“鹰狮”双座飞机首次在国际上亮相，但是由于紧跟着到来的菲律宾评估队吸引了大家的目光，“鹰狮”双座飞机没有得到大家的关注。参加展会的是39135和39149飞机，其中39135由萨伯公司的试飞员费雷德里克·米克列（Frederik Mikhler）驾驶进行了飞行表演；39149做了静态展示。在一次新闻发布会上，宣布已交付53架“鹰狮”飞机，而且萨伯公司和英国宇航公司正在向巴西、智利、捷克、匈牙利、菲律宾、波兰和南非等国推销战斗机。8月，美国授权萨伯公司、英国宇航公司可以向南非出口“鹰狮”上采用的美国技术。

在年初的高期望后，1998年，从出口销售的角度来看是令人失望的。有三个国家曾经表达了购买“鹰狮”的意向，但智利无限期推迟了它的需求；匈牙利决定推迟三至五年根据经济形势作决定；菲律宾虽然没有完全搁置，但也推迟了其要求。

第三批通用电子系统控制装置

1999年4月，瑞典空军宣布，“鹰狮”的第三批飞机将用一个单独系统来管理空中勤务、燃油和氧气系统以及空中受油探管。以代替前几批飞机上装备的由不同制造商交付的三个独立的系统。这个新的通用电子系统控制装置（GECU）由爱立信-萨伯航空电子公司研制，将从39207飞机上开始安装。39207是一架第二批飞机，被改装成用于新技术功能验证的第六架原型机，改装后于2001年进行了首飞。

在1999年6月12日至20日的巴黎航展上，萨伯公司、英国宇航公司只展示了一架“鹰狮”单座飞机39166。由萨伯公司的飞行员费雷德里克·米克列每天驾机进行飞行表演，而且不用进行维护和更换备件，表明制造商现在对飞机充满了自信（瑞典空军新的飞行表演飞行员是上尉马丁·博克菲德（Martin Birkfeldt），在肯·林德伯格1998年退役后他接替了肯·林德伯格的工作）。现在瑞典空军已接收了70多架“鹰狮”，但是将要接收的飞机数量仍然比飞行员的人数多；50名飞行员已改为“鹰狮”飞行员，另外30名飞行员正在接受培训。

卡尔·菲利普亲王成为瑞典王室中第一个在“鹰狮”飞机上体验过的王室成员，6月17日，作为他的毕业礼物，让他在双座“鹰狮”上进行了一小时的飞行；在这次体验中，比约恩·约翰松上校是39803的前座驾驶员。在此期间，从7月起，第一批的“鹰狮”飞机在龙内比的F17联队的基地用第二批飞机使用的“隐身配色方案”进行了重新涂装。

截至1999年8月31日，“鹰狮”飞机已经飞行了11054架次，这个数字不包括原型机飞行的架次，也不包括在萨伯公司进行的测试试验。

帝国试飞员学校（ETPS）的评价

在9月的最后两周，来自于世界上最古老的试飞员学校（位于下博斯坎比的帝国试飞员学校）的代表们，对林彻平基地进行了访问。在熟练掌握了林彻平基地的飞机全任务飞行模拟器后，帝国试飞员学校的所有参观者，包括来自法国、美国和英国的飞行员，都被允许驾驶“鹰狮”飞机进行了飞行。

国外飞行员对“鹰狮”的进一步评价来自于一名参加1999年11月在瑞典举行的一个国际空军研讨会的以色列参会人员，退休少将阿维胡·本-努恩（Avihu Ben-Nun），他得到了在“鹰狮”后座舱体验飞行的机会。

本-努恩是以色列前国防军司令，曾飞过多种飞机，其中最现代化的飞机是以色列航宇工业公司（IAI）的“幼狮”。他是第一个飞过“鹰狮”的以色列人，因此他能在瑞典战斗机和以色列战斗机之间作出明智的比较。“鹰狮”最让他印象深刻的是“鹰狮”的战术情报数据链系统（TIDLS）。在这一领域，“鹰狮”的信息化技术处于世界前沿。

1999年12月10日，爱立信-萨伯航空电子公司与Celsius电子技术公司签订了一份雷达告警接收机的订单作为一个全新的第二代预警和对策系统EWS-39(电子战系统)的一部分。合同价值6亿瑞典克朗。

年底，两架“鹰狮”原型机39-2和

上图：肯·林德伯格少校，瑞典空军首个飞行表演飞行员。

上图：费雷德里克·米克列，萨伯公司第二个飞行表演飞行员。

39-4退役，后一架飞机被转移到哈尔姆斯塔德（Halmstad），在那儿，它用于特定类型的技术人员的培训。

21世纪的无线电

2000年2月初，瑞典国防装备管理局订购了一些新的战术无线电设备，这是战术无线电系统（TARAS）（瑞典国防军的新型通信系统）的组成部分。被称为通信与数据链39（CDL39）的无线电，在能力上有了很大改进，其中最重要的一个方面是，现在"鹰狮"飞机在执行演习和维和任务期间，可以和外国飞机进行通信。CDL39将在第二批飞机的最后20架飞机上以及整个第三批飞机上采用；订单价值3200万美元。

上图：马丁·博克菲德（Martin Birkfeldt），瑞典空军第二个飞行表演飞行员。

2000年2月，《国际航空》（Flight International）杂志发表了一篇由首位同时飞过"台风"、"阵风"和"鹰狮"飞机的飞行员撰写的文章。在概述中他写道："鹰狮"飞机飞起来很容易而且令人感到愉快，因为它具有良好的性能，并提供了一个舒适的飞行驾驶环境。系统自动化程度高，把飞行员从作战任务中解放了出来。在我的飞行中，飞机和发动机工作完美。虽然作战系统只是做了很肤浅的必要试验，但是也显示出了飞机不论作为战斗机、攻击机还是侦察机的用途，其武器系统都是合格、精密且具有逻辑性的。尤其是数据链完全融入了武器系统，倍增了飞机的功效。没有飞机不发生故障，但关键是故障是个人习惯造成的，应该很容易得到纠正。

用户反映

瑞典空军的首席代表詹·琼森（Jan Jonsson）将军，在国际航空航天展2000年展会期间召开了一次记者招待会，目的是让大家了解用户的评价。琼森相信，没有空军会觉得，从第二代战斗机切换到第四代战斗机是一个问题，因为新型机的简易性将减少维护人员的工作量，减少飞行员的工作密集性；反过来说，这将会降低整体成本。

"鹰狮"的简易性再次得到证明，几乎凭直觉，外国飞行员就能在完全瑞典语的座舱里驾驶飞机飞行。南非空军总司令，洛夫·博克斯（Roelf Beukes将军也出席了记者招待会，他告诉记者，对于南非政府选择"鹰狮"飞机，他是多么高兴。

2000年4月10日，IG-JAS合作团队从瑞典国防装备管理局获得了一份价值65亿瑞典克朗的合同，对第一批和第二批的"鹰狮"飞机的动力装置、空中勤务、燃油和液压系统进行升级。这份合同要在2007年完成。5月底，爱立信-萨伯航空电子公司收到一份订单，让他们用已经选用在第三批飞机上的通用电子系统控制装置对头两批"鹰狮"（140架瑞典空军的飞机）飞机进行升级。

在7月的范堡罗航展上，萨伯公司推出了它的宣传："鹰狮"飞机比其他任何现役的战斗机都便宜；以及一份可以被精确的数字支持的声明。"鹰狮"39166参加了静态展示，39174进行了飞行表演。

"鹰狮"原型机的家庭新成员仍在继续进行试验。2003年1月29日，"鹰狮"39207，被重新改装成原型机39-6，进行了首飞。主驾驶是萨伯公司试飞员约翰·斯考斯朗德（Johan Sjostrand）。这第七架"鹰狮"原型机，主要用于新技术的试验和评价。

第3章

“鹰狮”的改型

IG–JAS合作团队坚信，他们能够研制出一种第四代多用途战斗机，而且比“雷”式飞机显著更小、更轻，比较便宜，而且能拥有相同的打击能力。但是有很多人怀疑，从技术的角度看，这是不可能的。此外，瑞典空军还对“雷”式飞机的替代机型编制了一系列严格的和必须的作战要求：

- 一个基本的作战要求是能执行战斗、攻击和侦察任务。
- 可靠性要高。
- 维护成本和燃料成本要低。
- 飞行员的工作负荷要低。
- 使用寿命期内的损失率为“雷”式飞机的一半。
- 使用V–90简易跑道（让飞机能重新加油和重新武装的分散在全国各地的公路）从分散基地起飞的作战能力。
- 在恶劣的天气条件下作战的能力。
- 出勤率要高。
- 使用与V–90简易跑道连接的后勤系统，在用作战斗机时只需要10分钟的回程飞行准备时间；用作攻击机时只需要20分钟的回程飞行准备时间。
- 雷达、红外线和噪声显示特征要低（简言之，就是良好的隐身特性）。
- 跟其他飞机和其他在地面或空中的战术人员要有实时数据链。
- 寿命周期成本的成本曲线要突破“雷”式飞机寿命周期成本60%的成本曲线。

这样的飞机能研制成功要感谢在复合材料研究上的巨大进步，动力更强劲、燃油效率更高的发动机的研制成功，体积更小、运算更快和处理能力更强大的计算机的出现，以及国家最先进的航空电子设备的不断进步。

在结构尺寸方面，“鹰狮”比“雷”式飞机小30%左右，比F/A–22“猛禽”小40%。飞机越小，雷达截面积（RCS）越小，敌方防御的目标越小，意味着这种飞机很难被发现、跟踪和打击。

JA37“雷”式飞机	单座型
翼展	10.6米
机长（包括 探头）	16.4米
机高	5.9米
机翼面积	40.6平方米
轮距	4.76米
轴距	5.6米

“鹰狮”飞机	单座型	双座型
翼展（包括发射器）	8.4米	8.4米
机长（不包括皮托管）	14.1米	14.8米
总体高度	4.5米	4.5米
轮距	2.4米	2.4米
轴距	5.2米	5.9米

瑞典国防装备管理局的内部杂志《FMV–Aktuellt》，首次公开发表了“鹰狮”和“雷”式飞机数据的比较。它是由少将斯塔·纳斯壮（Staffan Nasstrom）撰写的，包括以下一些方面：

- “鹰狮”的油耗比“雷”式飞机降低50%以上。
- 定期维护降低40%。
- “鹰狮”的起飞距离更短，比规定好28%。
- 在湿滑的条件下，“鹰狮”的着陆距离比规定的小17%。
- “鹰狮”雷达的准确性比其替代的机型好50%。

“鹰狮”的机身按重量来估算的话，包含约60%的铝合金、6%的钛合金和5%的其他金属。但是，与“雷”式飞机相比最大的变化是，机身的其余部分——机翼蒙皮和桁条、垂尾、鸭翼、副翼、起落架舱门和一些口盖（或舱盖）——是用碳纤维复合材料制成的。

使用碳纤维复合材料也有助于减少“鹰狮”飞机的RCS，而且对座舱盖使用了一种特殊的金色涂层，并且对发动机加热管的设计安排，使任何红外或雷达系统不可能直接发现热发动机。

供应商基地

鉴于在“雷”式飞机研制生产时就有提供部件的海外供应商的参与，IG–JAS合作团队早早决定寻找世界各地的供应商一点儿也不会让人惊奇。因为这些供应商提供的部件在瑞典不可能生产或者能生产但是需要花费大量的经费和时间来发展。

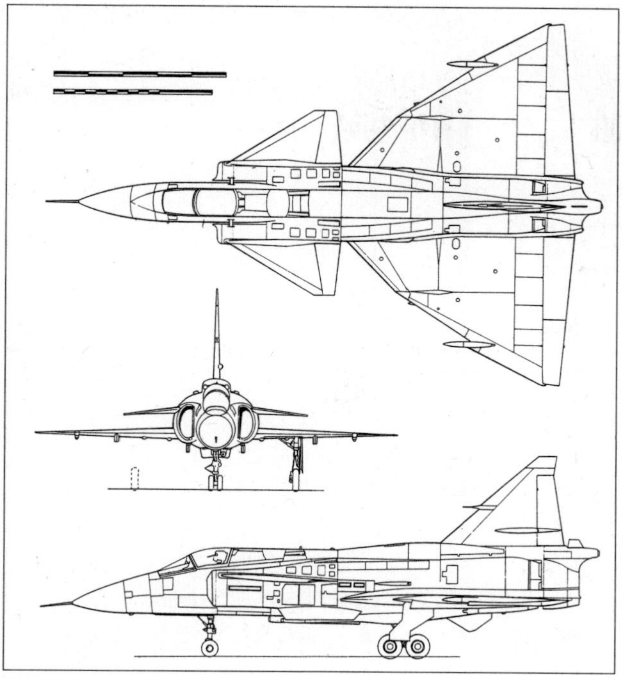

左图：JA37“雷”式飞机的三视图，“鹰狮”将取代在瑞典空军担负空中防御任务的主要机型。

选择一个海外供应商最重要的标准是，海外供应商的工作水平应更好，至少不能低于IG–JAS合作团队内的瑞典公司的水平，而且价格要便宜；第二点很重要，因为合同非常严格地限定了提价的要求。

IG–JAS合作团队和海外供应商之间的协议还包括一定程度的抵免工作，主要是对民用方面。IG–JAS合作团队确实相当成功地从美国和欧洲的供应商中获得了所需的抵免。

海外供应商对IG–JAS合作团队的重要程度可以从以下事实来衡量：“鹰狮”部件的40%是由国外提供；比“雷”式飞机的比例增加了一倍。曾为“鹰狮”供应产品的海外公司见下表：

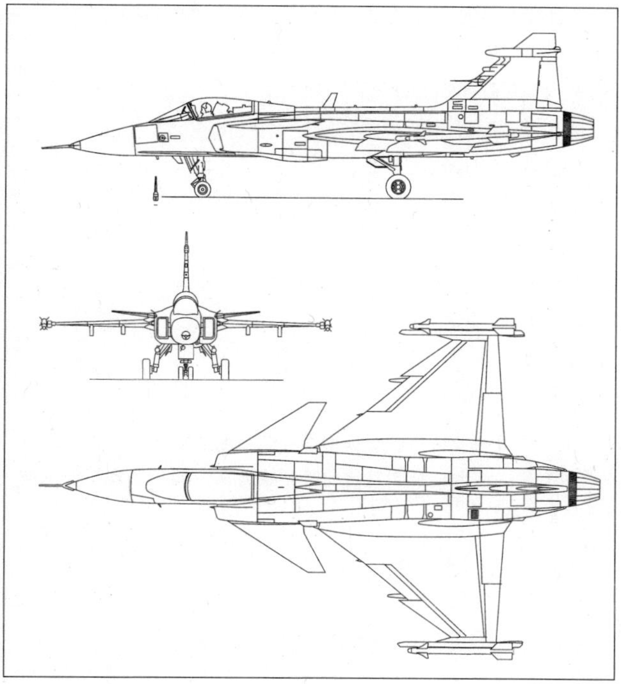

左图：JAS 39A“鹰狮”的三视图。

左图：这一幅JAS 39A的照片，很好地展示了“鹰狮”飞机的近长方形的进气口，切尖三角翼和修长的后机身。

曾为“鹰狮”供应产品的公司

通用电气公司	美国	发动机（与瑞典沃尔沃公司合作）
凯泽电子	美国	平视显示器（与SRA公司合作）
汉胜公司	美国	发电机，第三个APU
李尔天体电子学公司	美国	飞行控制系统（FCS）计算机软件，第一批
马丁·玛丽埃塔公司	美国	飞行控制系统（FCS）计算机软件，第二批
AP精密液压公司	英国	起落架
道蒂集团	英国	液压供应系统和气动减速阀门装配，动力传输板条
卢卡斯集团	英国	辅助电源系统，（AEPA），前缘襟翼控制系统，储备变速箱
马丁·贝克公司	英国	飞行员弹射系统
L-3显示系统公司	美国	显示Actiview 104P(在EP-17Mk.3上显示)
霍尼韦尔公司	美国	惯性导航系统（INS）H-423，雷达测高仪HG7705
毛瑟厂	德国	27毫米航炮
Page公司		油门和驾驶杆系统的把手（(HOTAS）
费伦蒂防御系统		HUD的视频摄像头
科巴姆集团	美国	环控系统（Hymatic工程）
微型涡轮发动机公司	法国	辅助动力装置（APU）和发动机起动装置
Intertechnique公司	法国	燃油系统
飞机刹车系统公司	美国	刹车系统
汤姆逊-CSF通信公司		敌我识别（IFF）系统
诺贝尔塑料公司		天线罩
邓禄普精密橡胶公司		用于座舱盖充气织物增强导电硅橡胶密封件

一旦补偿工作加入表中，为“鹰狮”生产装备的公司会进一步增加，并且遍布业界各地。收到订单的国家是捷克、奥地利、匈牙利、波兰和南非；或者在合同签署前补偿或者在一架“鹰狮”订单被签署后补偿，这些得到部件提供机会的公司是：

丹尼尔公司	南非	武器挂架（北约标准）
Grintek公司	南非	通信单元
多瑙河公司	匈牙利	尾锥
Jihlavan公司	捷克	
伯勒尔锻造公司	奥地利	底盘组件

为“鹰狮”提供部件的重要供应商之一是英国，该国航空航天公司提供了许多项目，有些交易已经结束， 例如，飞行员弹射系统、环控系统、机体、起落架装置、液压系统（与德国合作）和辅助动力系统（与法国合作）。

从“鹰狮”计划开始，英国宇航公司（BAe，以后的BAE系统公司）就参与其中，摆脱了MMB公司和罗克韦尔公司（后者的HiMAT技术机翼会增加额外的费用，而性能没有明显提高）的竞争后，它负责设计机翼。

英国宇航公司赢得了研制合同，并于1982年11月交付了“鹰狮”原型机的机翼。签订合同时，机翼的选择在2110型设计和2111型的增加翼展（根据HiMAT验证机的经验来定制气动弹性力学表面）之间保留了选择空间。罗克韦尔公司开发的机翼，通过控制翼下负载的扭转，改善了跨声速转弯性能，该技术已经在遥控驾驶的HiMAT技术验证机上得到了验证。在Ma0.9时，过载达到8g；在同等条件下，当代战斗机只能达到6g。

下图：“鹰狮”多用途能力的展示，其挂装了两枚Rb75“小牛”空地导弹、两枚RBS 15F 反舰导弹和两枚Rb74“响尾蛇”空空导弹。

上图：JAS 39A“鹰狮”的剖视图。

使用碳纤维复合材料建造的“鹰狮”机翼，其内侧和外侧段是中置带55°后掠的切尖三角翼，中段是52°后掠。三段的前缘有自动襟翼，它带有一个“犬齿”状的内侧和外侧，曾在卢卡斯航空航天旋转式作动器上进行过测试。两个副翼组成了机翼后缘的内段。切尖机翼便于空空导弹发射架的安装；每个机翼内部都有整体油箱。

瑞典当局为了评价罗克韦尔公司的设计花费了2800万瑞典克朗。但是，按照瑞典空军的说法，如果采纳这种机翼，与2110型相比，“鹰狮”机翼的成本将增加50%。这种成本增加是不可接受的。如果罗克韦尔公司赢得合同，该公司将共交付6个机翼，这6个机翼，每个都不完整，从而逐步向萨伯公司转让机翼的生产技术。

由于英国的罢工造成了延迟，英国宇航公司在1986年6月交付了第一个“鹰狮”机翼。虽然英国宇航公司有一个向萨伯公司转让其技术的合同，但是萨伯公司能完全自主生产机翼也已经是“鹰狮”原型机研制生产了3.5架后的事情了。

短距起飞/着陆性能

瑞典拥有良好的基础设施，包括其道路网络。一段时间以来，这一直是瑞典战术规划中的一个关键因素，但在20世纪90年代，它用BAS90系统对此进行了更新。BAS90详细阐述了国家的道路如何在战时转化为跑道。但是，因为主要道路可能会被监控，因此，瑞典空军的飞机实际使用二级公路作为跑道。到20世纪90年代末，获得了大约24个这样的分散基地，每一个都既可以作为跑道使用，也可以作为普通公路使用。

指定的跑道性能对“鹰狮”提出的

要求是，它应当能从长2650英尺（800米）的跑道或公路上起飞和着陆，这意味着，由于需要一个安全边际，“鹰狮”的实际起飞和着陆滑跑距离必须更少。在试验计划的早期，原型机就在一个30英尺×2625英尺（9米×800米）的跑道地带进行了试验。

“雷”式飞机能够在1312英尺（400米）长的距离内起飞和着陆，由于“鹰狮”比“雷”式飞机具有更好的加速性，因此，它应当至少有与“雷”式飞机同样的跑道性能。无论如何，“鹰狮”不会安装像“雷”式飞机一样的反推装置，因为这台设备重达一吨，将对新飞机较小的机身构成一个巨大的负担。相反，“鹰狮”将使用鸭翼和其他气动减速装置，使它在限定的跑道距离内停下。

鸭翼也是用碳纤维复合材料建造的。其前缘后掠58°，且可独立活动。在“鹰狮”着地后，鸭翼可立即最大程度地偏转，当它们偏转到最大阻力位置时，帮助“鹰狮”在“雷”式飞机着陆距离内着陆一点问题也没有。

“鹰狮”的起落架在满足着陆距离的要求上，也起着重要作用。AP精密液压（APPH）公司（另一家英国公司，负责为“鹰狮”提供三点式起落架），对该起落架采用了一些新的设计，例如，前轮制动（短距着陆要求的一项重要设施）。

由于“鹰狮”的武器载荷增加，萨伯公司要求AP精密液压公司提供一个加强型起落架。该起落架必须具有差不多相同的尺寸和重量，但是能够承载更高的起飞和着陆重量，最重要的是应该有足够的强度，保证“鹰狮”返回时，外挂较重的负载着陆。

新起落架的尺寸没有变化，其强度更高源自于其一些部件是用更高强度的材料制造的。这就要求生产工艺的改变，并不是生产两个部件再把它们组装在一起，而是要把它们制造成一个整体，消除由于组合在一起可能形成的缺陷。为了保持相同的刹车距离，刹车系统也做了改进，按照“鹰狮”试飞员马格努斯·奥尔森（Magnus Olsson）的说法，这是在2002年上半年测试的。

主起落架装置的每一个单独的固特异机轮都安装了一个25.5×8.0-14（16层）的轮胎、ABS防滑装置、碳盘式制动器。每个装置都能向前收回到机身。前起落架是双轮配置，都有一个具有自动断开-重新连接设施的指导作动器用于地面维护。固特异机轮都配有14×5.5-6（8层）轮胎。也配备了碳纤维盘式制动器和ABS防滑装置，整个装置能向后收起。

在制造夹具安装好后，于1996年1月开始在英国宇航公司的布拉夫（Brough）工地生产主起落架。起落架计划在春季交付，为了取得一些熟练的经验，并顺利在布拉夫开始生产，英国宇航公司的生产人员曾在林彻平工作了一段时间。按照萨伯公司拉尔斯·杨松（Lars Jannson）的说法，39149“鹰狮”是第一架使用英国宇航公司生产的主起落架装置进行飞行的飞机。主起落架装置的生产后来作为一个抵免交易的一部分被转移到南非迪奈尔公司（Denel）进行生产。

作战的独立性

由于“鹰狮”要从分散的场地起飞作战，根本没有全方位的维护服务帮其返回基地，因此，飞机必须满足在没有过多的外界援助下实现容易维护和操作的要求。实际上，它需要的唯一支持，就是燃料和武器供应。

右图：“鹰狮”上用蓝色标识的那些部分是用碳纤维复合材料制成的。“鹰狮”的碳纤维复合材料部件都是由萨伯公司生产的。

易于维护这一点，更为重要。因为每个地面维护团队是由五名义务兵和一个主任/技术员组成，而义务兵只在空军服役很短的时间，因此不可能经过长期的培训获得专业知识。

为了使“鹰狮”独立工作，义务兵必须在主任/技术人员的指导下完成一个完整的回程飞行准备，加油和重新武装。因为由义务兵做这项工作，所以重整军备的操作必须简单，以便让每个团队在尽可能短的时间内完成培训。

像任何其他军用飞机一样，“鹰狮”停在地面上是其最脆弱的时候。在战争情况下，将其留在地面上的时间要尽可能短。帮助实现这一目标的方法之一是，当RM12发动机仍在运行时，给飞机加油，这就是所谓的“热”加油操作。

辅助动力装置

“鹰狮”的辅助动力装置（APU）提高了飞机从分散的和远程的空军基地起飞的能力，而且在地面上，当单独电源或起动装置需要停止工作时，它也可以充当飞机电力的主要来源。瑞典的前几代作战飞机不得不使用广泛的地面支持设备来进行飞行保障，以保证它们完成下一项作战任务，但配备辅助动力装置的“鹰狮”只需要较少的地勤人员和设备就可以完成飞行保障，这就节约了时间和金钱，降低了飞行成本。同时也减少了回程飞行准备时间，使得飞机能更快速地返回战场。

微型涡轮发动机公司是一家专门研制生产辅助动力装置和起动系统的法国公司，几乎所有在法国战斗机上安装的设备都是由它负责的，像“幻影”2000-5和“阵风”。微型涡轮发动机公司专门为“鹰狮”飞机设计和生产了一个被称为TGA15-090的起动器和APU组合系统。

为了减少气动阻力，不得不将辅助动力装置安装在机身后部左舷狭小的空间里，紧挨着发动机。在飞行试验期间遇到的一个问题是故障间隔时间太短，这使得TGA15-090 辅助动力装置的维护费用很昂贵。另一个问题是，它不能满足瑞典空军对噪声的要求。

由于TGA15-090从一开始就有严重的问题，微型涡轮发动机公司得到了第二次机会，对辅助动力装置进行改进，改进后称为TGA15-328。TGA15-328在

下图：由卢卡斯航空航天公司生产的风挡玻璃和座舱盖。可以看出，照片中飞机的座舱盖用的是侧向铰接。

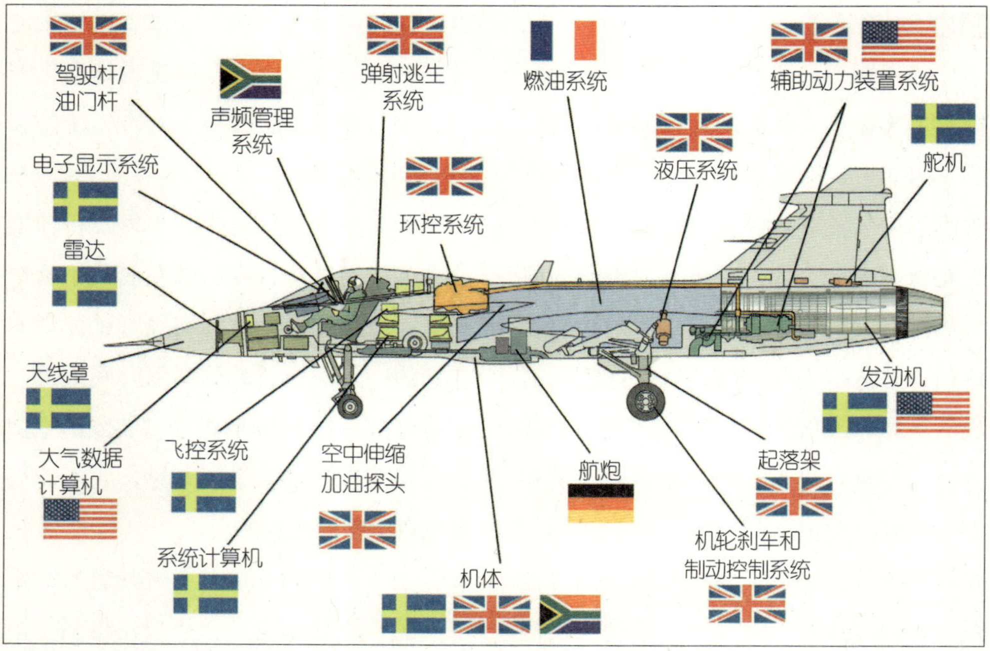

上图：JAS 39C的多国供应商基地与JAS 39A的相比已发生了很大变化。

下图：英国宇航公司生产了首批3.5套"鹰狮"机翼，之后，相关技术被转移到萨伯公司。所有后续的机翼在该公司的林彻平工厂进行生产。

1995年12月进行了飞行试验。1995年12月22日，“鹰狮”的第2000个试飞架次就是用于试飞改进后的辅助动力装置。TGA15-328从39141飞机起安装在新型飞机上，并对以前所有的第二批飞机和几乎所有的第一批飞机进行了换装。

按照官方说法，萨伯公司选用微型涡轮发动机公司的主要优点之一是在出口方面，该公司比其美国竞争对手更灵活。这种观点后来证明是不正确的，萨伯公司后来换了美国公司——汉胜公司（Hamilton Sundstrand）来为后来的第二批“鹰狮”提供辅助动力装置，这主要是因为微型涡轮发动机公司没有办法解决辅助动力装置的噪声问题。微型涡轮发动机公司的装置在“鹰狮”的端口上部还留下了一些残留物。

在20世纪90年代初，萨伯公司就开始讨论，并在1997年9月给了汉胜公司一个更新的TGA15-328的开发合同。第一台样机在1998年交付测试，而第一次用于飞行试验的辅助动力装置是于1999年送到萨伯公司，并安装在原型机39-3上进行了飞行试验。在1999年底签订了生产订单，第一台样机预计在2001年初到达，并从39207飞机起安装在新飞机上，并对已经服役的飞机进行换装。

新的环境法迫使瑞典空军要对所有的“鹰狮”换装这种辅助动力装置，而且较低的噪声水平可能也会受到未来可

下图：正如背景所示，瑞典的一些明显偏远道路基地给人以他们靠近市区的假象。

上图：近长方形的进气口的位置可以防止发动机吸入外来物。这是特别重要的，因为在延伸的公共道路上，不可能严格控制道路表面及周边地区的清洁。

能出口国家的欢迎，例如，奥地利。在1985年，奥地利引进"龙"式飞机时曾引起奥地利的社团抗议，因为"龙"式飞机的噪声污染严重。

飞控系统

鉴于老式"雷"式飞机被设计成一个全程稳定的飞机，"鹰狮"飞机是一种使用电传系统的不稳定飞机。在系统出现故障的情况下，就会中断对鸭翼的控制，使之进入自由浮动状态，这样就会使"鹰狮"飞机恢复稳定，并允许飞机用备份的模拟飞行控制系统进行飞行。

选用不稳定设计的一个优点是，发动机可很好地安装在飞机重心后面，为燃油和其他系统在主机体的安装腾出空间。"龙"式和"雷"式飞机的发动机安装位置都比"鹰狮"的安装位置靠前。

美国李尔天体电子学（Lear Astronics）公司，原名李尔-西格勒（Lear Siegler）公司，负责"鹰狮"（它有一个三余度电传操控系统）的飞行控制系统（FCS）计算机研制。瑞典人希望要一个简单系统，他们觉得三余度足够安全。

到了1985年9月，李尔-西格勒公

司很明显要延迟“鹰狮”FCS的交付日期，按照瑞典国防装备管理局局长斯文·阿波科道克（Sven Hbkberg）的说法，首飞可能会从1987年初推迟到1987年底；但是此时，萨伯公司觉得，首飞只会拖延几个月。斯蒂格·霍姆斯特姆报告，在“鹰狮”飞机的首飞中，感觉飞控系统太灵敏，这可能主要与软件有关。

在第二批“鹰狮”飞机上用马丁·玛丽埃塔（Martin Marietta）（现在的洛克希德·马丁公司）公司的SA11硬件替换了李尔-西格勒公司的FCS硬件。

空中加油

IG-JAS合作团队制定的最初的

上图：接地后，“鹰狮”使用各种气动减速装置来缩短着陆距离，包括向下偏转的大面积鸭翼、两段式前缘襟翼以及部署在后机身的空气动力减速装置。

下图：“鹰狮”的空气动力减速装置位于机身非常后的位置，有助于缩短飞机的着陆滑跑距离。

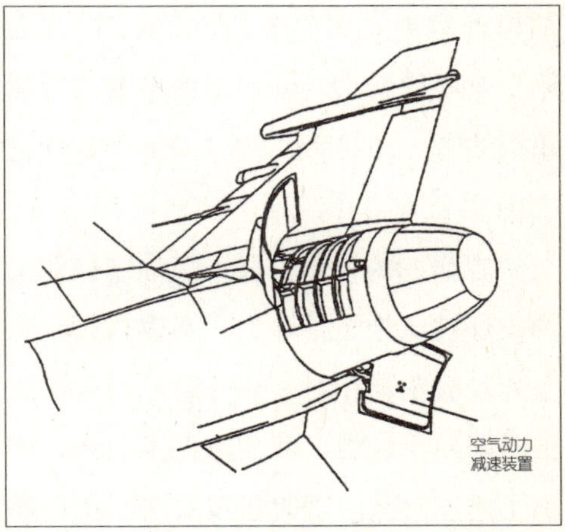

JAS 39建议中的机内和副油箱的燃油容量不能满足瑞典空军的要求，应该增加油箱容量。法国Intertechnique公司（1983年3月收到研发合同）负责研制和生产“鹰狮”的燃油系统。Intertechnique公司和萨伯公司彼此并不陌生，因为在1972年，萨伯公司曾接触该法国公司进行商业调查，最终在已经流产的B3LA项目上发展成为合作伙伴。

“鹰狮”的内部油箱分布在机翼和机身之间，总容量为5291磅 (2400千克) 或660加仑 (3000升)。从一开始，在两个机翼挂架和机身下方的中心线挂架上使用可抛弃的副油箱就可以增加“鹰狮”的航程。这些副油箱每一个都可以装载1940磅(880千克) 或242加仑 (1100升)的油量，在“鹰狮”飞机内部油箱的基础上可以再增加726加仑(3300升)的载油量。双座型JAS 39B“鹰狮”飞机内部油箱的载油量比单座的少5%，以便为第二个座舱腾出空间，双座型的内部油箱载油量为5026磅(2280千克)或627加仑(2850升)。

在研制的初期阶段，燃油装载能力的设计被认为是足够的。在瑞典领土上空的作战距离相对短意味着，很少需要长时间使用加力，从而降低了油耗，增加了巡逻时间。当时还没有考虑明白的是，欧洲的政治格局会改变多少，也不知道将要如何对“鹰狮”飞机进行广泛销售。在出席一次试飞员试验协会的会议时，萨伯公司首席试飞员阿恩·林德霍尔姆表示，在首批15架“鹰狮”飞机的飞行试验期间，虽然Intertechnique公司的燃油系统一直在正常工作；但是，燃油测量系统已暴露出一些问题，必须进行改进。

Intertechnique公司的燃油系统一直没有遇到严重的问题，直到2003年1月28日。当时，在一次飞行后，一架“鹰狮”（39.144/144）在维塞尔（Vidsel）试验场加油，为下一次飞行做准备。2003年1月30日，在飞行前检查中发现，这架飞机有一些变形，一些铆钉已经松动。在溢流管和舱壁之间的间隙过少引起了油箱超压。次要原因是加油的压力比手册设置的压力限制高。这架飞机经过维修后又继续服役。

最初设计“鹰狮”是瑞典用于防御入侵的一部分，虽然后来瑞典武装部队慢慢从一支独立防御力量转化成了用于国际合作的武装力量。但是，“鹰狮”的油箱并没有按照北约标准制造，因此美国公司萨金特–弗莱彻收到了一份开发合同，为出口型“鹰狮”研发生产符合北约标准的新的242加仑（1100升）油右图：起落架强度加强有助于“鹰狮”在瑞典的道路简易机场起飞/着陆。“鹰狮”飞机现在能挂载着较重的武器载荷（未使用的弹药）返回简易机场并安全着陆。

右图：“鹰狮”较小的尺寸（与“雷”式飞机相比）、可操纵的前轮提高了它在BAS90公路基地中狭窄和并不总是笔直的公路跑道上使用的灵活性。

下图：在冬季，非常湿滑的跑道或路段，装有碳纤维盘式制动器、ABS防滑装置的“鹰狮”飞机起落架可以帮助飞机在短距离内受控停止。

箱；这些油箱在2003年初进行了试飞。

在座舱里，飞行员看不到飞机加油的确切油量，他只能看到显示的百分比数字。当机内油箱加满油时，飞行员可以看到100%的数字显示；副油箱装载的油量就是它们的指定油量。在第四代空军研讨会期间，来自瑞典空军作战中心的扬·安德森上校表示，"鹰狮"的不加油空中转场距离是2175海里（3500千米）。

在1997年巴黎航展上，萨伯公司和英国宇航公司召开记者招待会宣布，将为出口型"鹰狮"飞机引进空中加油（AAR）能力。但是，为了降低成本，瑞典空军将出资援助该计划，因为随着瑞典的中立政策逐渐改变，这种能力也可能是未来瑞典空军的服役需要。一两天后，当签署第三批瑞典空军"鹰狮"的合同时，明确规定，这批"鹰狮"飞机应当安装空中加油装置。这一规定反映了瑞典空军已深刻认识到，未来它可能会需要在瑞典国土以外作战，因此可能需要这样的装置。

在第三批"鹰狮"上引进空中加油技术，迫使瑞典空军考虑拥有自己的空中加油机。瑞典空军有8架现役的Tp84"大力士"运输机，作为一种可能的解决方案，其中至少有一架飞机（三架较早期的C-130E中的一架）能够适应空中加油机配置。具有空中加油能力被认为主要是维和任务的需要，而且，如果有这样的装置，在执行维和任务时，

下图：在瑞典的BAS90道路基地系统上起飞/着陆的能力是"鹰狮"必不可少的一个先决条件。这幅照片很好地展示了飞机的机翼后缘襟翼。

上图：这张照片展示了“鹰狮”飞机的维护工作。在战争中，其所有的固定基地将受到攻击，瑞典空军根据这一推断，要求“鹰狮”能够在简陋分散的场地用很小的维护团队提供维护量极小的服务就可以完成“鹰狮”飞机的维护。

其他国家的空军（合作伙伴）也可以用他们国家的空中加油机支持瑞典空军的“鹰狮”飞机。

在新闻发布会上，萨伯公司和英国宇航公司展示了一张配备空中加油伸缩套管的“鹰狮”飞机的计算机模拟照片。但是，有一个细节是不准确的——伸缩套管被展示在飞机的右舷（错误的方位）。在“鹰狮”安装探头的位置，什么设备也不用移走。因为它是可伸缩的，它不会破坏“鹰狮”流线型的气动构型。如果飞机要飞行更长的时间，所需要的就是为飞行员增加更多的氧气供应。因此现在应该安装一个机载制氧系统（OBOGS）。

在1998年11月初，“鹰狮”首飞近10年后，使用一个模拟的加油探头进行了首次空中加油试验。由试飞员保罗·霍普金斯（Paul Hopkins）（英国宇航公司首席试飞员）和奥拉·黎格奈（Ola Rignell）、马格努斯·李温道依（Magnus Ljungdahl）（萨伯公司）驾机从英国航空航天公司的沃顿机场起飞，进行了5次空中加油试飞，预定进行空中加油试验的地点接近爱尔兰海（Irish Sea）上空。受油机用的是第四架原型机39-4，它将与由英国防务评估和研究局（DERA）的飞行机组驾驶的英国皇家空军VC-10 KA（ZD241）加油机进行加油对接。因为保罗·霍普金斯进行空中加油的经验比较丰富，所以由他首先驾机进行了空中加油试验。在找到最好的方法对接成功之前，他尝试了几种不同的方法进行对接。这是出口型“鹰狮”向前迈进的一大步。

“鹰狮”是瑞典第一种装备空中加油系统的战斗机，瑞典以前的飞机不具备这样的能力。第二组试验使用一架JAS 39B来验证在加油机后面，双座型是否与JAS 39A单座型的动作一样。

2001年上半年，配备加油探头的第一架生产型“鹰狮”39207（该机一直被当作原型机39-6在使用）的照片被发表。然后，瑞典空军总司令马茨·尼尔森将军（Lt General Mats Nilsson）宣布，未来，旧的“鹰狮”不可能加装空中加油装置，因为这需要对其机身和系统进行有效的重建，因此过于昂贵。当时还不清楚，后面第二批飞机是否会加装这种装置。

2002年3月，一张加装了一个可伸缩的空中加油探头的“鹰狮”39208的照片被发表。随附的新闻稿说，将由萨伯公司和瑞典国防装备管理局对具有这种能力（空中加油）的飞机进行试飞。萨伯公司也借此机会，最终确认了一个秘密——有更多的第二批飞机（从39207起）都安装了伸缩式加油探头。这一决定的意义是，它意味着瑞典空军更多的“鹰狮”将有这种能力，这就有助于更好地实现标准化。反过来，如果国外用户希望在萨伯公司交付这些新机型前获得具有空中加油能力的“鹰狮”飞机，那么在此期间，瑞典空军的这些飞机就可以转到这些用户手中。

为了提高其作战灵活性，“鹰狮”将具有与4种不同类型的空中加油机以及几乎任何北约当前现役飞机进行空中加油的能力。正在试验的4种加油机类型将涉及到KC-10“补充者”、KC-135“同温层油船”、KC-130和VC-10。尽管能够进行空中加油的第一架生产型“鹰狮”（39208）首次飞行时间是2002年8月14日，但是，在2003年1月29日，原型机39-6（39207）的空中加油试验还没有在2003年秋季之前开始进行的计划。

保形油箱

空中加油能力还不足以使一些潜在的“鹰狮”客户满意，事实证明，由其他制造商所采取的措施也可以提高他们飞机的航程；F-16战斗机就被证明是其最大的竞争者。洛克希德·马丁公司说，F-16的销售额是基于飞机的品质和用户的体验，而且该公司一直在寻找加大其航程的方法。F-16因此成为继

F-15“攻击鹰”之后第二个额外装备保形油箱（CFT）以加大其航程的飞机，这就是为阿联酋研制的改型机。

JSF项目的延迟被视为F-16良好的商业机遇，而且也为“鹰狮”提供了改进的机会。由于美国空军不会投入更多的经费来更新其F-16战斗机，阿联酋必须为其新的F-16 Block 60C/D花一大笔钱，因为当时阿联酋是这种机型唯一的用户。瑞典和南非都青睐“鹰狮”，因此更愿意为“鹰狮”的升级进行投资。

F-16的新改型机击败法国达索航空公司的“阵风”获得了阿联酋的订单；达索航空公司回应，决定开发一种带有保形油箱的“阵风”。萨伯公司对这种趋势的反应比较慢，但在2001年4月也发布了一个带有保形油箱的“鹰狮”计算机模拟图。这至少说明，该公司对未来潜在客户的想法（他们需要一种航程更远的新型战斗机）也做出了反应。

这样的一个潜在客户是巴西。萨伯公司觉得，它通过发展空中加油能力已经满足了他们的要求，但实际情况并非如此，因为巴西空军部队规划者实际上是想寻找双座型“鹰狮”后座舱上的整流罩，看能否增加一个额外的燃料箱空间。因为巴西觉得，装备空中受油探管的“鹰狮”过于昂贵以致于买不起，并且其在高威胁环境中过于脆弱。

萨伯航空电子公司和英国宇航公司是否愿意引进保形油箱并快速改进“鹰狮”以确保“鹰狮”能被未来的国外用户接受，这个问题的答案也许就是这个事实，计算机合成的配备保形油箱的“鹰狮”的图片被认为是2010年版的“鹰狮”飞机。

JAS 39B

早在1985年，瑞典国防装备管理局局长斯文·奥洛夫·胡克伯格（Sven Olof Hokborg）指出，如果否决发展JAS 39 “鹰狮”的双座改型，那么瑞典就必须设法获取一种单独的高级教练机。无论如何，萨伯公司一直在研究实现这样一种改型的可能性，其意图是，添加一个19.7英寸（0.5米）中心机体到机身为第二个座舱创造空间，同时保留所有的武器系统，除了航炮。其实不管瑞典空军是否订购这样的双座改型，双座的设计工作已经在进行，以便加快飞机的建造进度。

单座型“鹰狮”的飞控系统软件问题导致了发展双座型“鹰狮”决定的延迟。当第一架单座原型机在1988年12月9日升空时，瑞典政府仍没有作出发展双座“鹰狮”的决定。这一延迟使得在不

上图："鹰狮"具有在恶劣天气条件下从公路基地起飞/着陆的良好记录。

久的将来寻找SK60教练机替代机型的需要更为迫切。瑞典空军的兴趣再次放在英国宇航公司的"鹰"飞机上，这是制造商在三年前向瑞典空军推荐的飞机。萨伯公司对于瑞典政府延迟资助JAS 39B的发展很不满意，因为他们认识到缺乏一个双座教练机改型将对"鹰狮"的出口潜力造成不利影响。

1989年7月，瑞典国防部终于给萨伯公司一份承担双座型"鹰狮"设计研究的合同。这份合同将持续到1991年初，以便使该改型能列入第二批生产型"鹰狮"中（第二批生产型"鹰狮"的采购合同预计在1991年6月作出决定）。用于双座型设计研究的资金让人大吃一惊，超过了该计划的成本支出点，但它部分确认了双座型"鹰狮"明显的发展路线。

对第二批"鹰狮"包括多达15架双座型的生产进行了谈判。最终，1992年6月2日，确定了要生产JAS 39B，瑞典政府同意订购110架"鹰狮"，其中包括14架双座型"鹰狮"。JAS 39B的原型机将是JAS 39A的改型。这一合同将加快项目的进度，增强"鹰狮"的出口潜力。

到1993年中期，JAS 39B的结构设计工作已完成90%，所有子合同的70%已被签订。双座型的计划正如期进行，根据成本估算，JAS 39B的重量与JAS 39A不会相差太多，因为它降低了燃油容量并去掉了BK27，以便为第二个座舱腾出空间。

双座的SK 37"雷"式教练机的尺寸与单座"雷"式飞机相同（因为萨伯公司改装教练机只是简单地除掉了"雷"式飞机的前机身油箱，修改了机载航电系统），但是JAS 39B与JAS 39A相比长25.75英寸(65厘米)。额外的长度加之飞机的重量使其略小于JAS 39A的静不稳定，这会略微降低双座型“鹰狮”的飞行性能。

在研制JAS 39A近10年后研制JAS 39B使其有可能采用更多的现代化技术。例如，座舱EP-17显示系统提高到了MK.2标准；这不是第一批“鹰狮”的标准装备。前座舱配备了一个平视显示器（HUD），但是平视显示器的信息将显示在俯视显示器（HDD）上，因为后座舱没有配备平视显示器。

JAS 39B的研制没有遇到JAS 39A曾经经历过的任何问题。为了节约经费，虽然这一改型需要5200个不同的部件，甚至还有70%的系统需要进行一些改变，但是双座型的建造没有用实体模型。原型机，39800，在1994年9月1日进入总装，计划于1995年秋完成装配，大约6个月后进行首飞。

研制工作进展得如此顺利，以致于1995年9月29日就完成了39800的装配；1996年4月29日，由飞行员克拉斯·詹森（Clas Jensen）（前座）和奥拉·黎格奈（后座）驾机完成了首飞。此次飞行历时41分钟，由39108伴飞。到6月7日该机已经完成了9个飞行架次，第一架生产型双座“鹰狮”39801正在进行飞行前检查。

1996年2月29日在林彻平市举行39801离开总装的一个官方仪式后，39801被移交给项目经理戈兰·贝斯犹兹（Goran Berseus），它也作为飞行试

下图：不仅飞机，地勤人员也必须能够在恶劣的情况下工作。这里显示的是，两名义务兵正在重新装填“鹰狮”的BK27航炮。

验计划的一部分。因此，在1996年11月22日完成首飞后，于12月交付给瑞典空军，随后，39801被正式租回萨伯公司。飞行试验计划进行200个试飞架次，计划于1998年首次交付生产型JAS 39B。还建造了一个JAS 39B疲劳试验构架39-71，并于1996年2月开始试验。

JAS 39B从来没有使用瑞典教练机专用的前缀SK，从这一点可以断定，具有作战能力的双座型将主要用于其他用途，培训飞行员只是一个次要的用途。与这种用途的定义相联系的是，双座型原型机被升级到JAS 39D标准后，并于2002年4月29日（39800首飞的6周年）进行了首飞。飞行员是弗雷德里克·莫哈兰（Frederick Muchler）和马格努斯·李维李道尔（Magnus Ljungdahl）。

在JAS 39D上的改进包括一个汉胜公司的新型辅助动力装置，全权限数字式发动机控制（FADEC）系统和一个NINS新型导航系统。JAS 39D的座舱已更新为全彩显示屏（这已经在单座型“鹰狮”原型机39-5上做了它机领先试飞）。空中加油将可能要归功于空中加油探头。迄今为止，计划要求的14架双座型“鹰狮”将作为第三批64架飞机的一部分，它们将是为瑞典空军建造的JAS 39D飞机。

JAS 39C

无论是JAS 39C或者JAS 39X，或者“鹰狮”出口基本型（EBL），或者就是鹰狮国际公司想拥有的、从外观看与原来的JAS 39A一样的“鹰狮”，所做的更改都是在蒙皮下面。原本打算将所有第三批为瑞典空军建造的“鹰狮”建成JAS 39C标准。但是，瑞典人很快意识到，装备同样标准的“鹰狮”生产数量越多，对于瑞典空军和出口客户来说单位成本越低（从而更实惠）。因此，瑞典人决定把第二批“鹰狮”的最后20架飞机按照第三批的标准来建造。

JAS 39C加强了机翼和起落架装置，以便挂载较重的武器载荷（这将使“鹰狮”具有更强的打击能力）。JAS 39C具有显著作战能力的另一个特征是，其装备了可伸缩的空中加油探头，以及机载制氧系统，从理论上说，可以无限期地延长JAS 39C“鹰狮”的航程。

有些变化不太明显；例如，飞行员的“办公室”进行了重大升级。实际上，JAS 39C是第一架不依靠任何模拟式备份仪器的战斗机。俯视显示器的面积已经增大，显示模式也从黑白升级到彩色，同时，它用英语显示信息，而不

左图：照片中，瑞典士兵正在把的一枚Rb75“小牛”ASM导弹挂装到“鹰狮”飞机上；在其内侧外挂梁上可以看到一个DWS39防区外子母小炸弹散布器。使“鹰狮”对士兵的“用户界面友好”是飞机设计中的一个重要因素。

是像以前用瑞典语；计量单位用的是英制而不是公制，从而使它更适应其他国家的空军使用。

数据输入面板已被取掉，取而代之的是主模式选择器、状态指示灯和一种新的显示方式（通信控制和显示装置）的集成，这些都被安置在飞行员的左侧。作为瑞典国防军战术无线电系统一部分的新的通信数据链39（CDL39）无线电系统也被集成进去，为了提高“鹰狮”的生存能力，JAS 39C还装备了一套新型电子战系统（EWS 39）。

由于机载设备的改进导致飞机上无法满足机载计算机对电源数量的要求，原来的机载计算机就被10倍于其能力的新型机载计算机所取代。为了保持“鹰狮”的扩展能力，JAS 39C配备了五个数据总线，而不是以前的三个（至少有50％的容量被实际使用）。此外，还安

右图：视具体任务要求，为“鹰狮”重新补充弹药应该在10~20分钟内。

装了一个更可靠也更精确的导航系统，以便自动防撞地系统可以毫无困难地被集成进去；作为这种变化的一部分，还包括一个新的着陆系统。

安装了一个新的电子控制装置以取代以前的三个独立的装置，它们原来是分别用来监测空气、液压和燃油的系统（最初为JAS 39C开发，后来，该新装置也被加装在JAS 39A上）。

更换现有的RM12发动机被认为过于昂贵，因此，只在涡轮机、火焰稳定器和全权限数字式发动机控制系统上进行了升级，以提高耐久性和降低成本（新的火焰稳定器是如此的成功，以至于最初的设计被立即从生产中废去并进行了全线更换）。一种新型的辅助动力装置也被引进来，如果改进在经济上可行，也可以对老式"鹰狮"进行改造。软件也同设施一起进行了改进以便将来能集成到未来的新的或升级的系统中。

L-3显示系统公司接受了用于第二批最后几架"鹰狮"和第三批"鹰狮"飞机的显示设备合同，2002年5月9日，还收到了一份用于第三批飞机的一种冲撞存活记忆单元的生产合同，该装置可以通过MIL-STD1553B数据总线进行通信。2002年11月开始交付。

2002年9月6日，第一架JAS 39C，39208，在林彻平市举行了由萨伯公司移交给瑞典国防装备管理局的移交仪式；

下图：加油是一个简单的任务，就像队伍掉头一样容易达到。

这张JAS 39A 39150的照片不仅很好地展示了“鹰狮”的鸭翼和切尖三角翼，而且也能看出机身后部被明显染色的部位，那是由微型涡轮机公司的TGA-15-090辅助动力装置排出的废气造成的。TGA-15-090后来被TGA-15-328所取代，但是在后来后者又被汉胜公司辅助动力装置所取代。

自从8月14日起飞机已经在飞，当时它进行了55分钟的首飞。这次飞行的飞行员是萨伯公司的试飞员马茨·特奥毕欧森（Mats Thorbjornson），他以前为瑞典国防装备管理局试飞"鹰狮"。原型机，39207，尚未进行飞行，这意味着在没有完成许可试验前，瑞典空军无法使用一些新装备，例如，空中加油探头。39208的飞行试验开始于2002年秋季。

"鹰狮"2010

瑞典空军和瑞典国防装备管理局现在发布了一个电脑制作的图像，这代表了2010年后可能生产的一种"鹰狮"。其新功能包括：推力矢量、有源电子扫描阵列（AESA）雷达、新型发动机（选项是GE公司的F414和EJ200）、额外的内部燃料（将被研究的选项是保形油箱或者将双座型的后座用油箱取而代之，后者根据巴西空军的需求（曾表示需要增加航程）提出来的）。图片还显示，改进后的"鹰狮"放出两个拖曳式诱饵。以前，瑞典国防装备管理局曾资助过一些规模较小的"鹰狮"的未来研究，包括有红外搜索和跟踪（IRST）及电子战系统。

未来的"鹰狮"

最后，一个被称为萨伯未来产品的部门，也就是独立的"鹰狮"国际，负责维持萨伯公司设计完整飞机的能力。虽然该部门对"鹰狮"的一些衍生机型的各种设计模式还进行了研究和试验，但是它研发的技术，很大一部分已经注定要集成在"鹰狮"飞机上。技术方面的一个例子是，已成功在"鹰狮"生产线上实施的辅助动力装置的组装。对于萨伯公司未来产品的发展，在生产线上做了一次模拟尝试，整个过程被认为很有效。

正在开发的技术还包括，与萨伯的航空电子公司合作研究，以改进人机界面。一个将在HUD上显示路径、在HDD上给出高度指示的系统将会找到被"鹰狮"的座舱采用的理由。因为这将提高飞行员的态势感知能力，帮助他完成计划的攻击任务，同时使坠机的风险减少到最低程度。

萨伯未来产品部正在积极关注其他一些方面，包括无人飞行器（UAV）和无人作战飞行器（UCAV）。这两者都被看作是未来网络中心战防御的一个关键因素。萨伯公司预计，"鹰狮"在未来将具有与无人飞行器并肩执行轰炸任务的能力。据萨伯公司在1999年6月2日透露，这项研究已经持续了一段时间。

上图：机身中心线悬挂点主要用于挂载机腹副油箱，在不极大削减“鹰狮”武器携带能力下增加了飞机的航程。

左图：空中加油探头在“鹰狮”飞机上的首次露面，但是被错误地标在了飞机的右舷。

右图：空中加油飞行试验获得成功，但是JAS 39B在稍后阶段才返回，以确定具有较长机身的双座型在空中加油机后面是否与单座型的操纵方式一样。

上图：1998年11月，原型机39-4与VC-I0 K.4空中加油机在爱尔兰海上空进行了首次空中加油试验。

左图：由飞行加油有限公司（Flight Refuelling Ltd.）开发和制造的标准生产型空中加油探头的特写照片。

下图：在39208被订购时，决定给第二批最后20架还没有在流水线上进行制造的飞机安装空中加油探头。

上图：大型保形油箱是为2010年下一代“鹰狮”提出的明显的结构添加物之一。

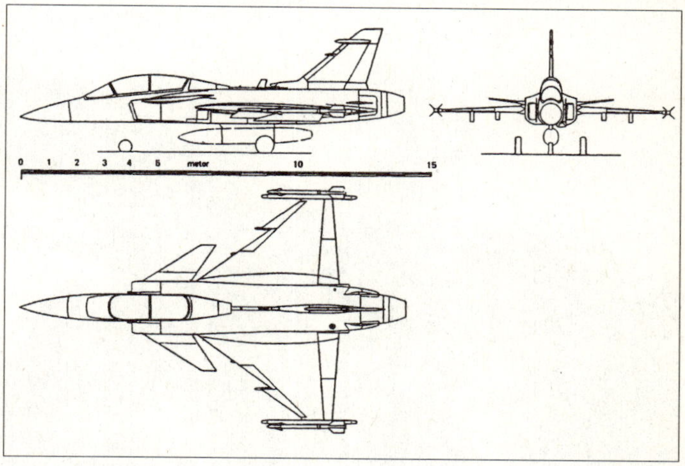

右图：一款双座型的设计（原来是与单座型的长度一样），这是冻结了方案2110构型后提出来的。1983年，该计划被搁置，但是，三年后，出于对第二批订单的期望，重新启动了方案的设计研究。

下图：1995年9月29日，在原型机首次公开展出后的首架JAS 39B双座型39800。

左图：JAS 39B的机头部分特写，这是在1995年9月29日原型机首次公开展出时拍摄的。注意其在低识别配色方案中的显眼的标记。

上图：唯一的一架JAS 39B双座原型机在飞行中，它没有遇到单座型JAS 39B在项目早期曾经经历过的任何问题。

左图：JAS 39B“鹰狮”双座原型机39800的首飞。

上图：在最初的几个飞行架次中，被用来作为伴飞飞机的JAS 39A 39108（似应为39208，译者注），但大多数新技术已在单座原型机上做了领先试飞。

右图：JAS 39B绝不只是一架双座型教练机，这从携带用于近距防空的6枚Rb74“响尾蛇”导弹的39802所装备的样子上可以看出。事实上，JAS 39B从未被分配SK（瑞典教练机专用代号）专用代号，JAS 39B更多地被用于战斗。

右图：JAS 39B 39802改变了结构，展示了双座型的最明显、最与众不同的特征：有第二个座舱和加长的座舱盖。

左图：参加首架JAS 39C移交仪式的马茨·特奥毕欧森。在此之际，他代表萨伯公司把飞机移交给瑞典国防装备管理局，而以前是被瑞典国防装备管理局分配给萨伯公司的。

上图：2002年第一季度从生产线下线的首架生产型JAS 39C“鹰狮”飞机39208。从这里可以看到这架飞机被加长的空中加油探头。

右图：萨伯的ECM视图和提高了生存能力的“鹰狮”。注意：在翼尖后面放出的拖曳式诱饵和机身两侧的保形油箱。

第4章 “鹰狮”的发动机

作为IG-JAS合作团队企业联盟的一名合作伙伴，沃尔沃飞机发动机公司（Volvo Flygmotor）负责为瑞典以前制造的战斗机（为瑞典空军服役）提供发动机。沃尔沃飞机发动机公司的历史可以追溯到1930年，在特罗尔海坦（TrollhiHtan）一家名为Nohab Flygmotor工厂有限公司创业时。沃尔沃在1941年成为该公司的大股东，同年，公司更名为瑞典飞机发动机股份公司（Svenska Flygmotor Aktie Bolaget）。公司在该名称下运作了近30年，直到1970年才改名为沃尔沃飞机发动机公司。

在“鹰狮”计划前，沃尔沃飞机发动机公司生产的最新的军用发动机是为“雷”式家族生产的RM8（RM=Reaktions Motor=喷气发动机）发动机。在20世纪60年代初，瑞典人已断定，适应现有的设计更具成本效益，1962年，沃尔沃飞机发动机公司与美国发动机制造商普拉特＆惠特尼公司签署了生产RM8(由普拉特＆惠特尼公司的JT8D发动机而来) 发动机的协议；该协议直到最后一台RM8在1988年交付才终止。

降低成本在“鹰狮”计划中是一项重要因素，为了使发动机的要求能满足现有设计，因此还希望缔结一项生产许可协议。但是，因为“鹰狮”需要比“雷”式飞机更小、更轻，因此相应地要求发动机也要更小。为此，IG-JAS合作团队考察了罗罗涡轮联盟（Rolls-Royce Turbo Union）的RB199、普拉特＆惠特尼公司的PW1120和通用电气公司的F404J。

发动机安装的首次审议，是在1980年的方案2100上进行的。当时，选择F404J作为尺寸计算的辅助参考。审议了一个带二维喷嘴的推力反向器，主要因为“雷”式飞机采用了推力反向器，因此希望其替代品的着陆距离至少能达到“雷”式飞机的水平。

	RM8B	F404J	RB199	PW1120	RM12
动力输出/磅力	16200	11000	9100		12141
带加力/磅力	28110	16000	16000	20600	18105
长度/毫米	6223	4034	3200	4045	4040
宽度/毫米	1030	884	940		850
高度/毫米	1260			1005	1100
净重/磅	4895	4763	2103①	2848	2325

①表示未包括推力反向器。

RB199发动机用于多用途的帕那维亚飞机公司的“狂风”（Tornado）战斗机；F404J发动机用在麦克唐纳·道格拉斯（后来的波音公司）的F/A-18“大黄蜂”战斗机上。普拉特&惠特尼公司（简称普惠公司）的PW1120发动机是根据美国对外军事销售计划专门为以色列航宇工业公司（IAI）“狮”式和IAI更新的麦克唐纳·道格拉斯公司的F-4“超级幻影”（Super Phantom）或在以色列称为“重锤2000”（Kurnass 2000）开发的发动机。

一台PW1120安装在“超级幻影”的右发动机舱中于1986年7月30日进行了首次飞行，从1987年4月24日起，该机用两台PW1120进行飞行。与该机原来装备通用电气公司的J79发动机相比，装备两台PW1120发动机使“超级幻影”的起飞滑跑距离减少了20%。

据一些消息来源，PW1120发动机的动力是如此强大，以至于“超级幻

下图：与“鹰狮”早期设计阶段有关的一个鲜为人知的事实是，实际上曾经是考虑过一个带二维矢量推力的反向喷嘴。图中展示的是安装这种发动机的2100方案。但是不久就被证实，不用二维喷嘴，JAS 39也能满足所需的起飞/着陆要求。

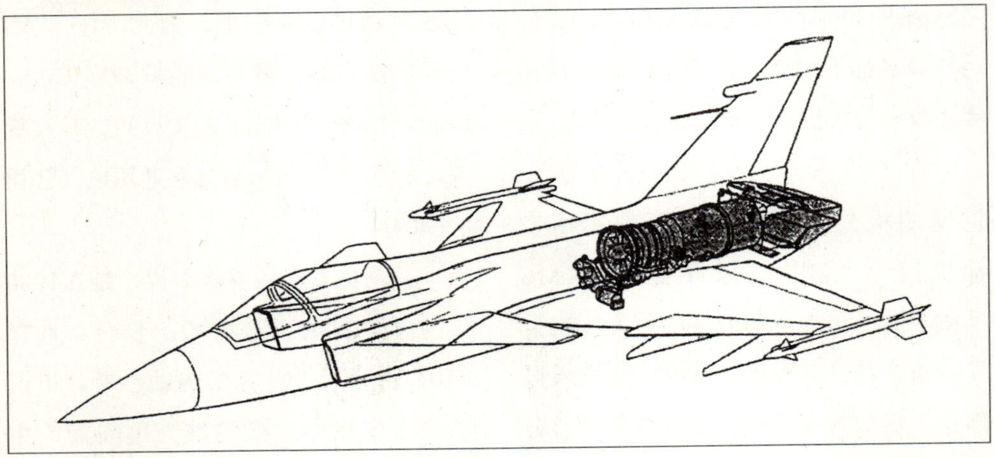

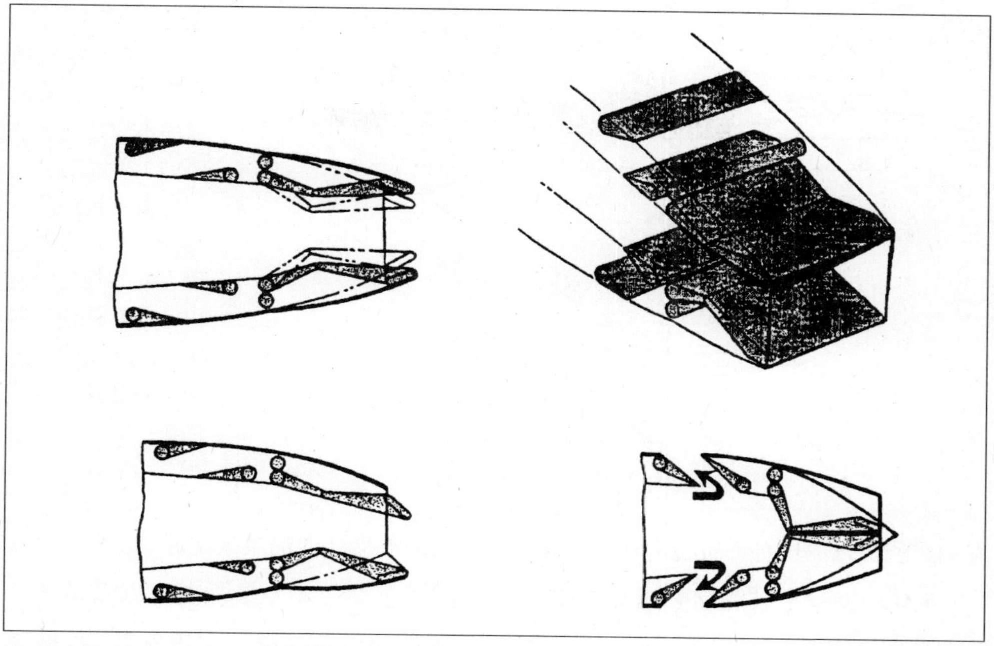

影”可以在不使用加力的情况下就能进行超声速飞行。但是，因为它是一个为出口发展的新发动机，因此，最有可能牵扯到先进技术的转让问题。RB199和F404J发动机已被证实是一种可靠的现役发动机，它们分别于1980年7月和1981年2月进入现役；F404J发动机因其构造简单而更具吸引力，因为这将使其更容易维护。PW1120发动机较重，因此要获得同样的性能，需要更高的推力，这将抵消其一部分优点，但它确实与F-15“鹰”战斗机上的由同一个制造商制造的F100发动机具有70%的共性。另外，对于PW1120发动机来说，尺寸较大也很重要，因为这意味着它将需要一个更大的机身。

上图：在“鹰狮”早期设计阶段考虑用于F404J发动机的喷嘴特写。喷嘴的设计与在F-15 S / MTD飞机上试验的喷嘴非常相似。

选择F404J发动机

当在1981年巴黎航展上向公众展示2105方案的首个临时图纸时，有人说，JAS 39已选定F404J发动机作为动力装置。该发动机被认为有真正发展的可能性，并已装备在生产型的F/A-18“大黄蜂”飞机上。尽管沃尔沃飞机发动机公司和普惠公司在用于“雷”式飞机的JT8D/RM8发动机上进行过早期的合作，但是因为PW1120发动机没能提供F404J

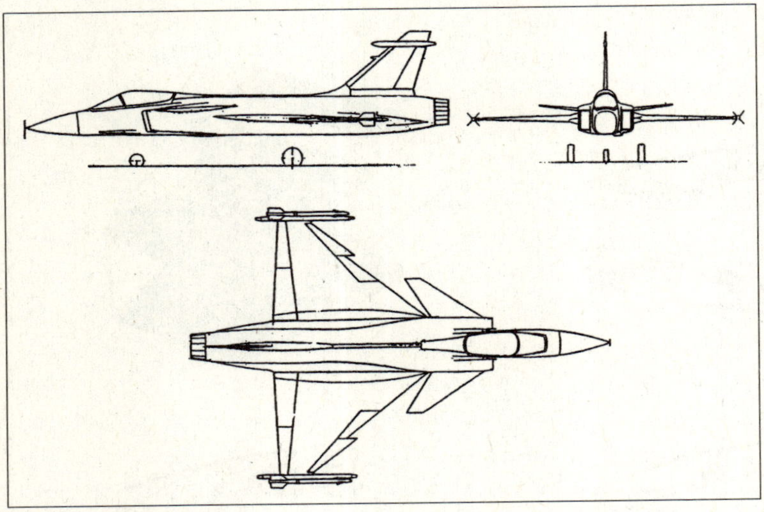

左图：方案2112，2110最终方案的一个变异，其最明显的不同是配装了PW1120发动机。这台发动机能参与到JAS 39项目中是因为它的性能比通用电气公司的F404更好。后者能被选中是因为其低风险选项。

发动机所提供的优势而宣告合作结束。

F404J发动机首先需要对瑞典空军的要求进行优化，包括：

- 增加海平面静态性能，从F/A-18的16000磅（71.1千牛）推力量级增加到18000磅（80千牛）量级，额外的推力来自于改进涡轮合金以使其能承受更高的温度并增加风扇的流量。
- 引入冗余控制系统功能，以满足单发动机的工作要求，改进液压-机械系统和电子控制系统，以把冗余度从50%提高到90%（在实现电子控制的同时，液压-机械系统也可以用于从中间油门设定到最大油门的发动机控制。

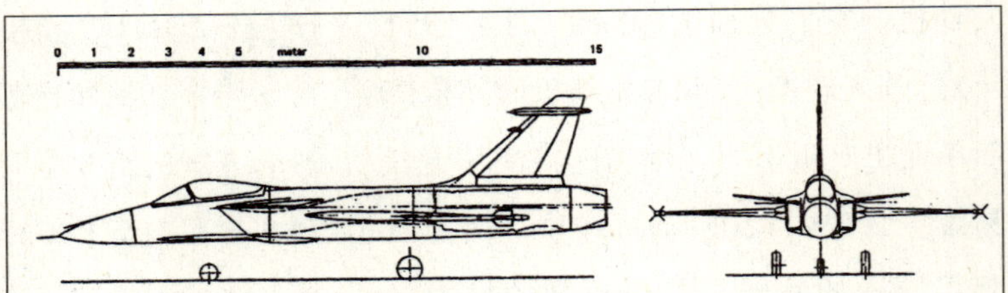

右图：方案2113，2110最终方案的另一个变异，其动力是普惠公司的F100发动机。

用这种新的形式，这两套系统都可以满足90%的发动机控制）。

- 提高抗鸟击能力——这一点对JAS 39尤其重要，因为它是一架单发飞机，而当时F404J发动机只用于双发飞行。

许可建造的F404J发动机被指定为RM12供瑞典使用。它比RM8更小，其重量只有其前身的47%，但它要提供其

下图：用于“雷”式飞机的RM8发动机的剖视图。

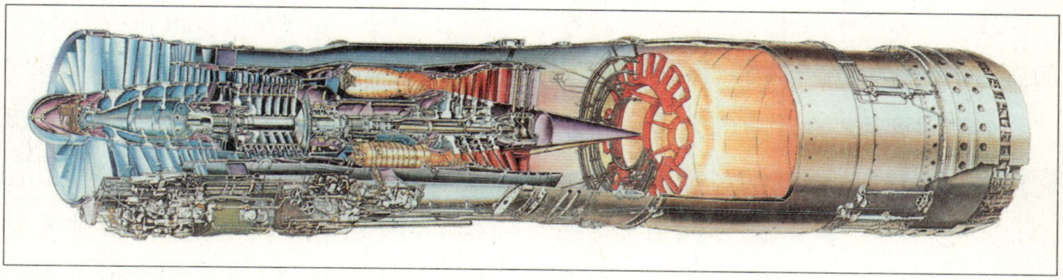

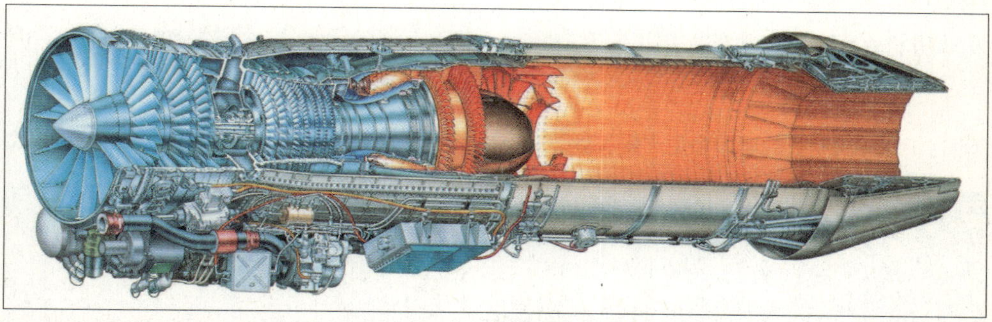

上图：用于“鹰狮”飞机的RM12发动机的剖视图。

左图：在详尽的地面试验期间，一台正在进行全加力试验的RM12发动机。在首飞前，RM12发动机在试车台上开车约5000小时。

前身62%的动力。沃尔沃飞机发动机公司将只为新型发动机生产35个部件，似乎并不多，但公司收到一个单独的合同，为通用电气公司生产拟安装在单发飞机上的所有其他F404的发动机的23个不同部件，从而确保100%满足瑞典公司的需要。

1984年4月，通用电气公司宣布，它正在一个正常的F404发动机上测试为RM12开发的一个新风扇，它可以多处理10%以上的气流。按照计划，JAS 39的发动机将在6月首次试车，接下来在1985年9月开始进行飞行许可取证，在1987年取得资格证明。

沃尔沃飞机发动机公司于1985年1月23日在特罗尔海坦首次测试了RM12发动机；1984年，在通用电气公司对发动机进行了一些测试。共建造了11台研制型发动机，其中4台用于基准测试工作，其余的用于飞行试验。1986年，沃尔沃飞机发动机公司提出发动机的进一步发展构想，后来在1991年所谓的第二发展阶段，它希望RM12发动机的推力达到20025磅力（89千牛），即在原型机上增加10%的推力，但是不能改变发动机的尺寸。

1987年3月，沃尔沃飞机发动机公

下图：RM12发动机的研制和生产概况。

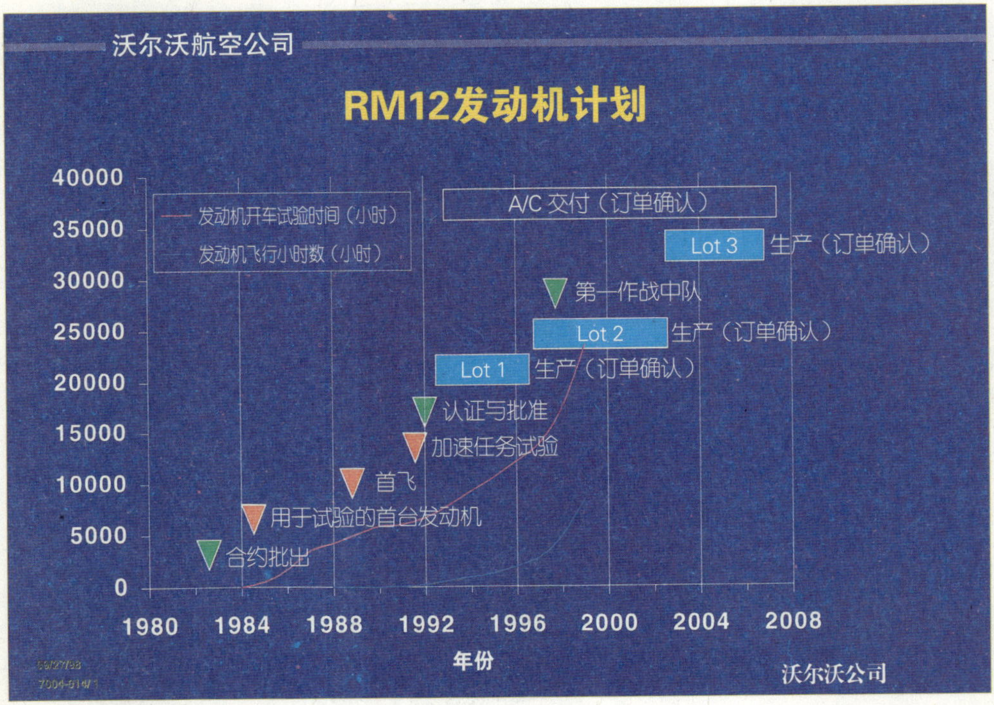

司首先向萨伯公司交付了7 台RM12发动机，这是事先确定好的，它们要参与发动机和“鹰狮”的适航试验。一年后，仍然在按照计划进行试验，基准测试装置已经累计完成4000小时的开车时间。大约在同一时间，首次飞行发动机在“鹰狮”原型39-1飞机上进行了第一次试验，到1988年9月上旬，一台RM12发动机在同一架飞机上已经开车超过20个小时。

抗鸟击能力

RM12发动机的进气口用了15根增强支撑杆（原来的F404有18根撑杆）来帮助发动机承受一只重1.1磅（0.5千克）的鸟的撞击。当发生鸟击时，这种装置会使“鹰狮”不太容易受到伤害和损失——更重要的原因是，减少平时的损失是瑞典空军对“鹰狮”提出的一个要求。

RM12的鸟击试验结果是如此的好，以至于沃尔沃飞机发动机公司宣布，在经受了一只重1.1磅（0.5千克）的鸟的撞击后，“鹰狮”仍能够安全返回基地；好于瑞典空军设定的要求。耐鸟击能力较高的风扇（由F404发动机派生的）可以在比原来的F404发动机高了5%的气流中运行。而RM12重新设计的风扇与原来相比增加了承受10%的气流能力，而与原来相比能多提供15%的推力。

RM12发动机在全油门的油耗是9.3磅/秒（4.2千克/秒），而RM8是18.1磅/秒（8.2千克/秒）。瑞典空军已确认，该发动机的油耗大约是“雷”式飞机用的RM8发动机油耗的50%。“鹰狮”的燃油系统有两个互为备份的系统：一个是电子控制的（DEC）；一个是机械控制的（AMOT）。

鉴于RM12发动机的作战要求，必须对发动机进行定期检查。为了促进这一要求的实现，它设了13个检查口，通过这些检查口可以用孔内表面检查仪技术进行检查。当发动机仍安装在飞机上时，其中的12个检查口能让技术人员进去检查，这使得发动机的检查更方便，成本也更低。

状态监测系统记录的飞行数据，在每5个飞行架次后进行一次下载，然后在计算机上用图形显示飞行数据的结果和趋势。这有助于减少维护成本，因为，在此之前，虽然进行了更多的预防性维护，但是发动机技术人员不知道，例如，已经使用了多长时间的加力。

使维护成本更低的另一个特点是，RM12发动机是由7个部分或模块组成的，其中每一个都可以单独替换。这7

个部分分别是风扇、高压压缩机、燃烧室、高压涡轮、低压涡轮、加力燃烧室和附件传动机匣。虽然为了拆除其中的一部分，必须把整个发动机从“鹰狮”飞机上卸下来，但是如果飞机正在偏远地区作战，供应发动机的一个部分要比供应一台完整的发动机容易得多。

备用动力

有一台发动机出现故障不是一件好事，尤其是在单发飞机上。如果在“鹰狮”飞机上发生这种情况，辅助动力装置就会提供动力。还有两种类型的备用蓄电池，它们各自的工作持续时间大约为10分钟和半小时。在紧急情况下，这两个电源应能使“鹰狮”飞行员驾机滑翔到附近的机场。

在第一架原型机损失后，于1989年6月发表的事故调查报告中指出，在飞机损毁时，39-1总共才飞行了5.3小时。而RM12生产型发动机NR.755046-2G已经在飞机上工作了38小时，在此期间，其加力燃烧室使用了33分钟。

“鹰狮”飞机总共拥有40台机载计算机，其中两台用于监测发动机。发动机状态监测系统使用20个发动机内置传感器记录20个参数，可以提供具体信息，例如，保持飞机发动机比原计划工作时间更长。

全权限数字式发动机控制系统

在F404J发动机和RM12发动机之间的一个很大的不同源于这个事实，美国国防部不想把全权限数字式发动机控制系统技术转让给瑞典。因此，沃尔沃飞机发动机公司必须为RM12发动机寻找到一个新的全权限数字式发动机控制系统，但是实际上，原来的系统也无法使用，因为F404发动机的全权限数字式发动机控制系统是为双发飞机设计的，没有单发“鹰狮”所需要的安全功能。因此，RM12发动机只能配备一个瑞典人自己研制的数字式发动机控制系统来代替原来的全权限数字式发动机控制系统。

发展问题

在第二架“鹰狮”原型机于1990年首飞之前不久，人们就已经注意到RM12发动机加力燃烧室存在推力损失问题；因为它建立推力实在太慢。这是一个严重的问题，因为这将延长飞机的起飞时间和其作战反应时间——F-16飞机就因为在这方面需要的时间过长，成为F-16飞机不适合在瑞典空军使用的一个理由。有助于解决该问题的改进包括：采用一些不同的发动机材料和在起飞时增加涡轮的温度。按照制造商的说法，两个问题是有联系的。

一个月后，另一个问题出现了，在10台被试发动机中，有3台发动机在风扇压缩机第三级叶片的根部发现了一些裂纹，它们的开车时间都在500～800小时（其他的尚未开车这么长时间）。当发动机在正常的包线内开车时，叶片有共振，这反过来导致叶片表面产生裂纹；因此，其原因可能是振动或疲劳。这意味着，“鹰狮”原型机39-2的首飞必须在受限的飞行包线内进行。无论如何，这不是一个太大的问题，因为还必须对软件进行检查。

到1991年5月，所有参试的“鹰狮”飞机都装备了改进后的发动机，那时，只有39-5和39101还没有飞行。RM12发动机的试验时间现在已经超过了8000小时。

火焰稳定器

1991年8月13日，一台RM12发动机完成了一系列的试验（相当于1000飞行小时），沃尔沃飞机发动机公司结束了加速任务试验。发动机火焰稳定器是主要的担忧，虽然遗留了一些开发工作，但它通过了测试。一个火焰稳定器基本上是加力燃烧室中一种气流制动装置，它能保护燃烧避免熄火；因为，燃气离开发动机的速度是如此高以致于如果没有火焰稳定器，将会使火焰熄灭。加力燃烧室中会达到很高的温度（温度可达到近2000℃），这意味着对材料的要求也格外严格。

下图：RM12不用开加力，“鹰狮”飞机就能达到超声速。

1992年2月底，通用电气公司宣布，将在6个月内完成向沃尔沃飞机发动机公司移交RM12发动机的设计工作。在1993年巴黎航展上，萨伯公司宣布，在"鹰狮"39-4飞机（用于发动机试验的原型机）上成功完成了发动机空中停车和重起试验。

下图：发动机装配在特罗尔海坦市的沃尔沃航空公司的地下车间进行，这是在第二次世界大战期间，为了防止工厂受到轰炸毁坏，而采取预防措施的一个结果。

桨叶失效

在飞行试验计划恢复不久之后，就发生了39102坠毁事故，这是第二架生产型"鹰狮"飞机，在1993年之后只飞了5

上图：一台正在运输带上的RM12发动机，准备交付给萨伯公司。

左图：在总装阶段，一台正要进入“鹰狮”发动机舱的RM12发动机。

上图：最初的RM12发动机开加力能提供80.5千牛(18000磅力)的推力，这一推力使“鹰狮”飞机满足了瑞典空军关于在公路作战时对武器载荷和起飞距离的要求。

下图：发动机的可靠性是更重要的，说它重要是因为它涉及到“鹰狮”在瑞典空军的短而绵延的公路上能否完成作战任务。

个多架次，萨伯公司再次因为发动机的问题，不得不从1994年1月14日至2月15日停飞。再次，桨叶失效成了事故的原因，这次是发生在第15台生产型RM12发动机的单级低压涡轮上。在特罗尔海坦市的沃尔沃飞机发动机公司的综合实验室做了10小时58分钟的台架试验后，出现了叶片失效。该公司后来发现，一个有缺陷的燃油喷嘴阀是引起这一故障的原因，导致零件发生故障而在试验过程中无法打开。这个喷嘴阀由派克·汉尼汾（Parker Hannifin）公司（通用电气公司的一家分包商）生产，为了让飞机尽快开飞，萨伯公司现在对所有装有该故障阀的RM12发动机进行了检查。

上图：新的火焰稳定器只增加了极少的重量，却提供了更好的性能，这将使“鹰狮”在执行攻击任务时，可以挂载更多的武器载荷；当担负防空任务时，增强了飞机的高速性能。

在“鹰狮”试飞期间，RM12不用开加力就达到了*Ma*1.08；换句话说，就是“鹰狮”飞机不用开加力就能实现超声速飞行——这是装了两台F404J发动机的F/A-18C/D“大黄蜂”都做不到的事情。

RM12+

为了未来“鹰狮”JAS 39C的发

展，一项新的发动机计划被建议。该项计划提出的研究对象的选项是：

- RM12+（RM12发动机的改进型）。
- 斯奈克玛公司（Snecma）的M88-3。
- 欧洲喷气发动机公司(Eurojet)的EJ200。
- 通用电气公司的F414。

事实上，早在“鹰狮”计划中，关于更换发动机的讨论就已经开始了，这导致外界猜测RM12发动机的推重比可能不足。但是，这不是事实，因为瑞典空军的要求是，“鹰狮”应当能全负载从2600英尺（800米）长的公路上起飞，但不应仅满足这一条件，而是要超越这一条件。

此时，沃尔沃飞机发动机公司按照逻辑提出了RM12+发动机的研究计划，但是实际上，无论选择哪一种发动机，就像在F404J/RM12发动机的研发过程中一样，该公司都将部分参与其研发。RM12+研发成功的把握最大，而且成本最低，但是另一方面，与另外的发动机相比，它的动力增长空间少。这一点很致命，因为JAS 39C被期望能挂载较大的负载，因此需要增加发动机的推力。然而，由于双发的维护成本在经济上和后勤保障上不可行，因此，发展RM12+仍具有最大的吸引力。

斯奈克玛公司的M88-3发动机是M88-2发动机（安装在达索航空公司的“阵风”飞机上）的发展型，但是，在此次计划研究期间，该发动机仍处在规划阶段，还没有进入试验阶段。其他的发动机已经进入测试甚至已经接受了数小时的飞行试验，这就是M88-3发动机为什么第一个被从计划中剔除的原因。M88-2发动机根本就没有被考虑。

EJ200，是由欧洲喷气发动机公司为欧洲战斗机“台风”设计和建造的发动机，于1995年6月4日首次在欧洲战斗机的第三架原型机上进行了飞行，它是所有选项中发展程度最高的发动机。当瑞典的研究开始时，其他的发动机都没有进行过飞行，鉴于EJ200发动机未来有4个稳定的欧洲战斗机客户，它成为瑞典计划的主要选项之一。一个重要和有利的因素是，它是由欧洲人设计和建造的，因此当它涉及潜在的出口问题时，美国政府无法难为它。

1993年，通用电气公司的F414发动机被考虑作为竞选机型。从本质上讲，F414就是一个大号的F404发动机，它部分采用了为F412发动机（原计划用于美国海军的A-12攻击机，该机的研制计划后来在1991年被取消）开发的技术。此外，还采用了一些为YF120（竞争美国空军的先进战术战斗机失败）开发的技术。

与F404J相比，F414的流量更高、总压比和推重比更大；然而，尽管有这些改进，F414发动机的长度和直径还是与RM12发动机的相同。RM12发动机已经改进的防鸟击技术也被F414发动机所采用，因此，对发动机必要的修改将微乎其微。

1993年5月，首台发动机提前进行试验，1995年5月26日，通用电气公司宣布，它已交付前两台F414试验发动机，首飞将在波音公司的F/A-18E“超级大黄蜂”上进行，并于1995年11月29日进行了该型发动机的首飞。

EJ200和F414发动机都率先满足了JAS 39C对发动机的要求。但是如果选择F414，一个问题就会被再次提出，美国是否会否决对那些国家——其他美国公司希望获得该国订单的国家，在F414发动机技术的某些方面的出口。

1994年，沃尔沃飞机发动机公司第三次改名，改成了沃尔沃航空公司（Volvo Aero），新名称包含的国际形象更丰富，这对公司来说很重要，因为现在它的海外业务比瑞典国内的业务更多。

极端条件下的试验

“鹰狮”的RM12发动机在极端条件下进行了试验，而且，其在大迎角和尾旋试飞过程中表现出色。瑞典国防装备管理局试飞员比约恩·约翰松（Bjorn Johansson）驾驶“鹰狮”进入了严重失速状态，他在空中慢车和战斗工作状态最大推力之间不断改变发动机功率，发动机没有产生任何失速停滞问题。约翰松还指出，在迎角达到160°和侧滑角达到90°时，发动机工作也正常。

1996年，瑞典新的国防预算取消了所有的新型发动机研究项目，因为它们需要的研究投入太大；只有一些对现有RM12发动机进行改进的研究得到资助。性能的提高必须与随之而来的成本增加相平衡，因此，发动机现代化研究项目成为第一个被削减的项目。修改后的发动机研究项目包括：一个新的全权限数字式发动机控制系统、一个新的涡轮机和一个改进后的火焰稳定器。首台升级型发动机计划在1999年完成。

在1995年和1996年，对更换数字式发动机控制（DEC）系统和AMOT（AMOT是瑞典语的缩写，可译为“发动机附件”）系统做了初步研究。1997年6月，沃尔沃航空公司与通用电气公司和洛克希德·马丁公司的控制系统部合作开始了开发研究工作，到1999年6月底，一台配备新的全权限数字式发动机控制系统的RM12发动机被交付给萨伯公司。随后，为了获得瑞典国防装备管理局的适航批准，对它进行了一系列的试验测试，并于1999年10月22日获得了适航批准。

配备新的全权限数字式发动机控制系统的RM12发动机装备在“鹰狮”39101（萨伯公司的试验机）上于1999年11月3日在林御平市进行了首飞。此次飞行历时45分钟，这是25个飞行架次试飞计划中的第一个架次。换装新型全权限数字式发动机控制系统使机体重量减小了17.6磅（8千克），并将降低维护成本。发动机和飞机之间的通信从模拟式改变成了数字式，从而带来了两个更新式也更接近四代机标准的界面（接口）。“鹰狮”39193是第一架装备带新型全权限数字式发动机控制系统发动机的生产型飞机。

新型火焰稳定器

RM12发动机原来的火焰稳定器不能满足发动机的使用寿命要求，这意味着，它的维护工作量很大，因此，这项新的研究于1997年发起。研究结果富有成效，以致于瑞典国防装备管理局很快就授予了一个全尺寸原型的研制合同。新旧两个火焰稳定器之间的主要区别是，旧的火焰稳定器是没有冷却的，而新的火焰稳定器用空气进行冷却，这样就使其使用寿命延长至原来3倍。

发动机技术数据

	RM8	RM12	RM12+	F404	F414	EJ200	M88-3
总长度/米	6.22	4.1		4.03	4.03	3.988	3.606
进气口直径/米		0.709		0.703	0.777		0.660
旁通比		0.28		0.34		0.40	0.30
总压比	16.5:1	27.5:1		25:1	30:1		
最大加力/磅力	28110	18105		16000	22000	20250	19555
基本推力/磅力	16200	12141		11000	14770	13500	16782
流量/（磅/秒）		150		142	170	170	159
重量/磅	4895	2325		2185	2445	2182	2170
最大直径/米		0.884		0.876		0.740	0.787
压力比		27:1		25:1	30:1		27:1

新的火焰稳定器安装在“鹰狮”原型机39-4上，于1998年9月进行了首次试验。第二个优点是，替换新的火焰稳定器时，没有必要把整个RM12发动机都拆卸下来；而旧的火焰稳定器替换时，需要将整个RM12发动机拆卸下来。而且在维护时，没有必要更换整个火焰稳定器，而只需更换被磨损的零部件，这样反过来看，就节约了经费，减少了周转和维护时间。

因为新的火焰稳定器进行了冷却，所以减少了它的热目标特征，这意味着，在总体上减少了红外辐射，因此使“鹰狮”具有更好的隐身性能。从重量上看，安装新的火焰稳定器减轻了6.6~8.8磅（3~4千克）的重量。首台配备新的火焰稳定器的RM12发动机计划2001年秋季交付。

这些升级，再加上新型涡轮机的设计，造成了RM12和RM12+发动机之间的差异。在2001年上半年结束前，瑞士和芬兰（均为F/A-18C/ D的用户）都订购了这种新型火焰稳定器。2001年4月期间，在林彻平市该公司与萨伯公司一起对该新型火焰稳定器进行了试飞。装备首台这种发动机的生产型飞机是12-254。所有旧的现役发动机都将换装这种新型火焰稳定器。

推力矢量技术

1997年9月底，瑞典国防装备管理局要求萨伯公司在瑞典空军装备动力更强大的发动机和使用推力矢量技术方面开展一项研究。推力矢量喷嘴的优势是：

- 为飞机提供了更好的机动能力，尤其在过失速机动能力上。
- 为飞机提供了更好的作战性能，例如，起飞滑跑距离更短；在飞机的飞行路线上，可以使飞机的机头指向不同的方向。
- 为飞机提供了更好的隐身特性。

自1988年以来，越来越多的战斗机已装备了实验性的推力矢量喷嘴，为了获得推力矢量技术的使用经验，还建造了几个技术验证机。主要的技术验证机有：

- X-31增强战斗机机动性验证机（曾经要用在“鹰狮”研究项目上的唯一考虑）。
- F-18 HARV（大迎角研究机）。
- F-15B S/MTD（短距起降/机动技术验证机）
- F-16 VISTA（空中变稳试验机）和MATV（多轴推力矢量）。

- F-15B ACTIVE（主动控制技术验证机）。

由于洛克希德·马丁公司的FA-22A"猛禽"已经装备了推力矢量技术，俄罗斯也一直在忙着进行推力矢量技术方面的试验，基于这样的事实，萨伯公司对此也表现出兴趣。在1996年柏林国际航空航天展览会上，瑞典政府和工业部门的官员与原X-31项目的两个合作方——德国和美国进行了座谈，拟议了使用尚存的罗克韦尔国际公司/MBB公司X-31（被称为矢量推力技术验证机）进行研究的后续计划，瑞典作为项目经理方被增加进去。这是相互平等的资助，但是美国占有主导地位；该计划在1998年底进行。但是，瑞典的预算约束导致严重延误，直到1999年，瑞典还是三个合作方中唯一一个没有签署开发协议谅解备忘录的国家。当年底，看到瑞典仍不能履行承诺，德国和美国只好自己继续进行研究。

最终，由于预算被严重削减，瑞典不得不选择在"鹰狮"的改进上进行投资。推力矢量技术的研究被认为还不是足够重要的（因为费效比不够好，该技术以后可以买"现成的"）。因此，该项研究被剔除出短期计划。X-31项目继续由美国和德国进行研究。

第5章
机载武器和火控系统

武器系统

航炮

在20世纪90年代初，进行的有人驾驶空战模拟分析和实际冲突表明，超过30%的空空遭遇战，当飞机首次相遇时，无论相距多远，都是以近距格斗结束。有证据表明，战斗机的航炮和短程空空导弹仍是空战的决定性因素。

飞机上的航炮仍旧是第四代战斗机的标准装备。美国在越南战争中得到的一个重要教训是，不管机载空空导弹多么好，当飞行员用光了所有的导弹后还是需要用飞机上的机枪来保护自己。在越南战争前，飞机上的航炮曾被认为已经过时了而被淘汰，因此，导致美国的战斗机飞行员往往无力击落对手或者是他们自己被击落。

“鹰狮”飞机像“雷”式飞机一

上图：头两架生产型“鹰狮”JAS 39A中的一架飞机的武器装备（当时可以装载的武器装备）展示。

样设计有相同的武器作战能力，在接受了越战的教训之后，瑞典人又考虑把航炮装备到飞机上。“鹰狮”飞机的航炮在两种航炮之间进行选择：一个是瑞士的欧瑞康（Swiss Oerlikon）公司的KCA30毫米航炮，它曾用于“雷”式飞机上；另一个是德国毛瑟工厂（Mauser-Werke）的BK27 27毫米航炮，它已经用于“狂风”战斗机和“阿尔法喷气”教练/攻击机上，后来又被欧洲战斗机选用。

BK27是基于左轮手枪的原理设计的，是两者中最小和最轻的（它实际上是最紧凑的轻武器旋转式机枪），因此，更适合于“鹰狮”小巧的机身和保持飞机机重下降的需要。1983年9月，毛瑟工厂宣布，“鹰狮”飞机选择装备BK27航炮。

BK27航炮的净重是220磅（100千克），其中包括重量为37磅（17千克）的枪管。它使用27毫米的高爆炮弹，每个重9盎司（260克），最大射速为每分钟1700发；但是，其射速最低也可以降到每分钟1000发。这种高能炮的炮口速度是3.36英尺/秒（1.025米/秒），它可以工作在自动雷达制导模式下，以提高命中率。

在参加的飞行试验计划之前，BK27在“鹰狮”原型机39-5上进行了地面试验。据一些消息来源证实，“鹰狮”飞机上装载的炮弹数是120发。在单座“鹰狮”上，航炮安装在机身的左侧；双座“鹰狮”没有装备航炮，这是为了给第二个座舱和飞行员节省出空间和重量。

短程空空导弹

空中遭遇战使用的另一种武器是空空导弹（AAM），根据制导系统和射程的不同，可以分为三种不同的种类，这就是主动式雷达制导导弹、半主动式雷达制导导弹和红外制导导弹。

三种导弹中最昂贵的是主动式雷达制导导弹，因为这种导弹自己有雷达，因此它能自主飞行。这种导弹被称为“发射后不管”武器，这方面比较有名的导弹是格鲁门公司的F-14“雄猫”战斗机挂载的AIM-54“凤凰”（Phoenix）（又称为“不死鸟”）空空导弹。

对页下图：27毫米炮弹被装载到发射位置，准备击发。在前部套筒向前运动时，弹出空弹夹。
一个射击完的弹夹；
一个完全被推进去并被弹夹保持器固定的弹夹；
一个部分被推进去的弹夹；
这个弹夹已经空了，准备装填。

MAUSER 航炮27毫米×145

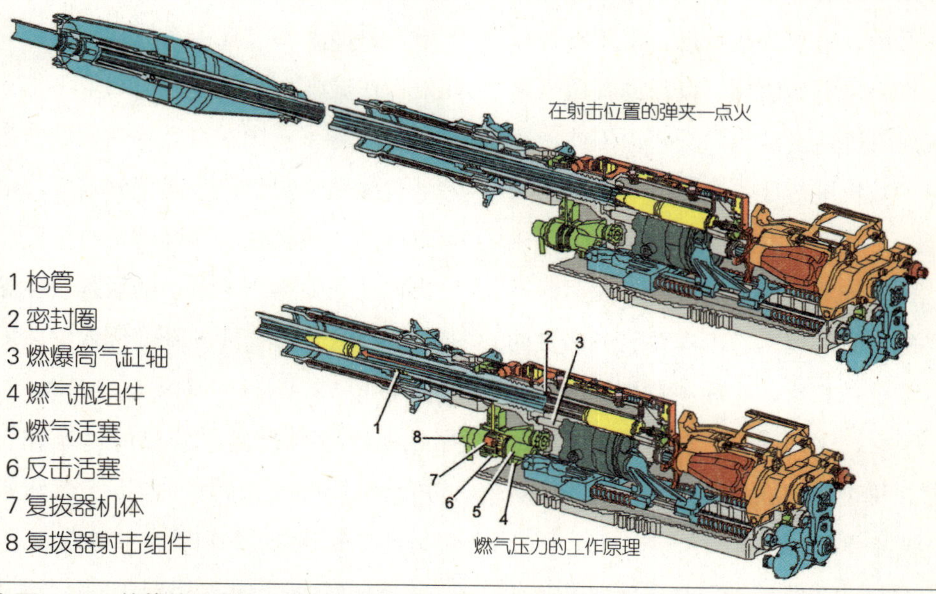

上图：BK27航炮的示意图：枪管、燃气瓶组件、燃气活塞、烟火复拨器机匣和前部套筒。

航炮组件27毫米×145　MAUSER 航炮27毫米×145

第一步：首次装填动作开始

主推弹器击打在装载平台上的首发炮弹的底部（红色）。

第二步：首次装填动作结束

主推弹器部分驱动首发炮弹（红色）进入燃爆筒气缸室。

第三步：第二次装填动作开始

辅助推弹器击打首发炮弹（红色）的弹夹底部，而主推弹器击打第二发炮弹的底部（黄色）。

第四步：第二次装填动作结束

首发完全被推进去，被弹夹保持器固定。第二发（黄色）部分被推进去。第三发（绿色）被送到装载平台上。

第六步：第三发装填动作结束

第一发（红色）处于射击位置并被发射出去。第二发（黄色）完全被推进去。第三发（绿色）部分被推进去。第四发被传送并装在平台上。

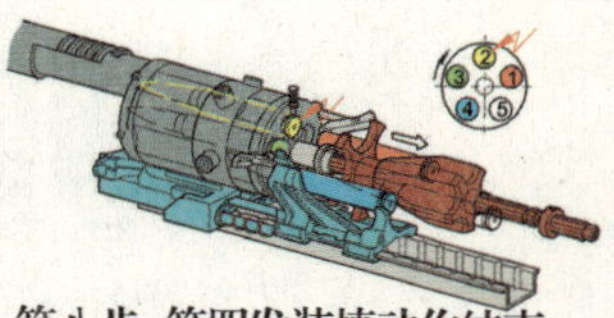

第八步：第四发装填动作结束

将要击发的炮弹（红色）传送到击发位置。在前部套筒向前运动时弹出空弹夹。第二个弹夹（黄色）被击发。第三个弹夹（绿色）完全被推进去，被弹夹保持器固定。第四个弹夹（蓝色）部分被推进去。

比较有名的半主动式雷达制导导弹是AIM-7"麻雀"空空导弹，这种导弹在发射后，为了寻找目标，需要发射载机一直提供雷达引导，以帮助其做出离开发射飞机追击敌机的动作，因此，这就给了敌机进行反击和做出规避机动的机会。

红外制导导弹是另一种"发射后不管"的武器，但是它不需要装备昂贵的雷达系统。相反，它利用敌机排出的热量作引导，飞向敌机。在释放导弹后，发射载机可以采取规避机动，从而避免自己被导弹跟踪。

AIM-9"响尾蛇"空空导弹是20世纪50年代开发出来的第一种红外制导导弹，在过去的30年里一直在"雷"式飞机上和很多西方国家的飞机上服役，现在也在"鹰狮"飞机上服役。尽管进行了多次升级，不过在未来的几年里"响尾蛇"在瑞典的服役也将结束。

在厌倦了美国在空空导弹领域的统治（可能对德国BGT公司例外，该公司负责欧洲"响尾蛇"导弹的生产）后，欧洲国防工业推出了自己的短程空空导弹（SRAAM）项目，以对付俄罗斯的Vympel R-73/AA-11"射手"（Archer）导弹和以色列拉斐尔公司的"蟒蛇"（Python）4导弹所构成的威胁。后者宣称是世界上最先进的短程空空弹道。

英国宇航公司和德国BGT公司开始为欧洲战斗机开发ASRAAM（先进短程空空弹道），但是，在接下来修改

上图：将要装备在"鹰狮"飞机上的毛瑟工厂的BK-27航炮。

左图：正在生产线上对"鹰狮"航炮的装弹机进行测试。

其要求时，英国主导的计划引起了欧洲一些国家空军和德国工业部门的不满。德国BGT公司作出回应，开始进行自己的研究计划，采用红外成像系统推力矢量（IRIS-T）技术进行研制，以下公司加入了这家德国公司的研究——联信公司（Allied Signal）（加拿大）；希腊航空航天公司（Hellenic Aerospace），Intracom 和Pyrkal公司（希腊）；阿莱尼亚-OTO公司（Alenia-OTO），菲亚特航空电子公司（Fiatavio）和利顿公司（Litton）（意大利），Raufoss公司（挪威）和萨伯动力公司（Saab Dynamics）（瑞典）。意大利公司负责项目的20%，希腊公司负责8%，加拿大的联信公司负责4%，Raufoss公司负责3%，萨伯动力公司负责18%，BGT公司负责47%。起初，大家都预计，希腊的F-16C/D、加拿大的CF-18A/B、德国和意大利的“狂风”和欧洲战斗机、瑞典的“鹰狮”都将装备这种IRIS-T导弹。

上图：除了作为一个“战场管理员”外，双座的JAS 39B实际上可以积极参与到任何冲突中，如照片中的“鹰狮”39802所示，它可以挂载用于近距格斗的6枚Rb99“响尾蛇”空空导弹。

对新型导弹的改变与其成本和作战能力有关——他们觉得，既然这样一个新系统的成本增加了，那它就应该能提供更有价值的额外优势。为了确保IRIS-T导弹的优势，他们对所有的重要组成部分分别进行了测试。例如，IRIS-T导弹的热导引头同时与AA-11“射手”导弹和AIM-9“响尾蛇”导弹的热导引头进行了对比测试。测试结果很乐观，但是没有获得“蟒蛇”3或“蟒蛇”4导弹的热导引头，以致无法搞清IRIS-T导弹到底与“蟒蛇”相比有多好。但是，很明显，真正的威胁仍旧是来自不稳定的俄罗斯，因此，AA-11“射手”导弹被当做必须击败的对手。

为了简化IRIS-T导弹的集成工作，IRIS-T导弹必须与其“前任”有相似的尺寸。此外，IRIS-T导弹还把常规的气动布局与带红外成像热导引头的尾翼推力矢量控制结合在了一起。

1996年8月9日，希腊、意大利、加拿大、挪威、瑞典和德国确认项目定义阶段合同有效（价值2800万德国马克）并签署了协议。这一阶段的工作在1997年3月圆满完成，1998年1月，6个国家进行了长达55个月的研制阶段，他们计划在2002年底交付第一枚生产型导弹。

1998年4月，用各种头盔显示器对IRIS-T导引头成功进行了目标提示飞行试验。比利时、丹麦、荷兰和挪威空军的飞行员驾驶一架荷兰的F-16MLU战斗机在*Ma*0.9、40000英尺(12192米)和过载达到7*g*的飞行机动条件下，捕获到了跟踪的目标，偏轴角高达+/-90°。希腊空军从2000年10月17日到23日使用它的F-16战斗机对IRIS-T导弹进行了试验，在这期间还试射了3枚导弹。这3次非制导发射在不同的环境条件下进行（分别在亚声速、超声速和高过载条件下），当然，IRIS-T导弹都是从同一架飞机上发射的。

与其他飞机的兼容性测试正在进行，但是，由于美国指定要把IRIS-T导弹的一体化计划用到加拿大的CF-18上，因此，2001年底，加拿大国防部从计划中撤离。

2000年9月，瑞典在“鹰狮”的39104上用“卫士”（Guardian）头盔显示器对IRIS-T导弹进行了首次试验。紧接着在11月，在维塞尔试验场进行了IRIS-T导弹与“鹰狮”的首次分离试验，虽然分离本身令人满意，而且也宣布安全，但是不久之后，发现导弹丢失了一些部件；这是该计划的一个不幸的挫折。在作者写作本书时，该项试验计划仍在进行。

这些美国导弹的竞争者还没来得及坐在功劳簿上沾沾自喜，美国海军和空军就已经用雷神公司的AIM-9X（“响尾蛇”导弹的最新型号）发起一项联合计划。AIM-9X导弹的全尺寸研制开始于1997年初，为了给该导弹一个超越老式“响尾蛇”导弹的优势，它使用了推力矢量控制技术。1999年3月18日，在F/A-18C上AIM-9X导弹进行了首次实弹试射，首枚生产型AIM-9X计划于2001年交付。

2001年12月，在“台风”和F-16飞机上集成IRIS-T导弹的合同被授予。2002年 3月14日，WTD-61中队的一架F-4F“鬼怪”II在意大利的一个试验

短程空空导弹

	AIM-9L“响尾蛇”	“蟒蛇”4	“蟒蛇”5	AA-11“射手”	IRIS-T
最大长度/厘米	287	294	310	290	300
最大翼展/厘米	63	48.9	64	50.1	45
弹体直径/厘米	12.7	15	16	17	13
总重量/千克	86.6	105		110	87
射程/千米	8	15		90	12

场对一架靶机发射了一枚IRIS-T导弹，取得了直接命中的成绩。几天后，又进行了重复试验，IRIS-T导弹再次直接命中目标。

这些试验成功后，下一个目标靶机采用了能执行规避机动命令的靶机。这种靶机还放出了闪光弹，但是这并不能阻止IRIS-T导弹又一次直接命中目标。导引头制导验证试验阶段的试射在2002年6月成功完成，接下来进行了一系列性能演示发射，

右图：图中，带坡度向一边下坠的JAS 39A 39145展示了其偏移的BK27航炮吊舱和翼下外挂梁上的4枚Rb99中程空空导弹，而JAS 39B 39802展示了另外一种方式的空空导弹构型——挂载6枚Rb99“响尾蛇”导弹。

标志着IRIS-T导弹开发工作的完成。现在，可以把生产型IRIS-T导弹的生产起始年定于2004年。

在2003年6月召开的巴黎航展上，“蟒蛇”5空空导弹首次进行了公开亮相，并作为“鹰狮”飞机一个机载空空导弹的选项提供给了瑞典。虽然集成工作几乎可以立即开始，但是瑞典并没有与以色列讨论这项工作。

“蟒蛇”5的直径在AMRAAM（先进中程空空导弹）的尺寸范围内，而且它具有发射后锁定（(LOAL）和在发射前（LOBL）正常锁的功能。发射后锁定功能为飞行员提供了发射导弹的选项，即在导弹的飞行阶段可以锁定目标。这一功能可以使“蟒蛇”5进行全方位，360°有效攻击。“蟒蛇”5的另一项优势是它具有超视距攻击能力。

中程空空导弹

如果说超过30%的空中交战结束于近距格斗，那么就有超过60%的空中交战结束于超视距（BVR）攻击。在1989年1月，雷神公司取得了生产AIM-120先进中程空空导弹（AMRAAM）的资质证书，该武器打算用来更换美国空军的AIM-7“麻雀”导弹。AMRAAM的长度为143.7英寸（365厘米），翼展为25英寸（63.5厘米），弹体直径是7英寸（17.8厘米）。其发射重量是345磅（156.5千克）。

中程空空导弹自然成为实现“鹰狮”飞机超视距攻击要求的一个竞标者。由于瑞典空军的“雷”式飞机曾经装备英国宇航公司的“天空闪光”（瑞典现役的Rb71）导弹，萨伯动力公司以私人身份与英国宇航公司开始合作改进主动式“天空闪光”导弹计划，以便销售能集成到“鹰狮”上的导弹。主动式“天空闪光”导弹在标准型“天空闪光”导弹基础上进行了改进，使用了主动式雷达制导系统。

左图：IRIS-T导弹的发射包线：
左边的图=“射程外”
右边的图=“射程内”
红色的飞机=目标机
灰色的飞机=发射载机
红色的区域=IRIS-T导弹的发射范围
绿色的区域=AA-11“射手”导弹的发射范围
蓝色的区域=Rb74“响尾蛇”导弹的发射范围

美国国防部拒绝让萨伯公司进行“鹰狮”与中程空空导弹的集成工作，并指出，所有美国的武器系统必须在美国进行试验。这意味着萨伯公司不能为芬兰提供装备中程空空导弹的“鹰狮”飞机。可以说这是萨伯公司失去芬兰这一用户的主要原因（芬兰随后采购了美国的F/A-18C/D）。不过，1992年，萨伯公司仍想在瑞典进行集成工作。美国的回答是，除非被授予豁免权，否则该工作不能在瑞典或其他任何国家进行。

1994年3月是瑞典设定的对中程空空导弹要求提出最终出价的最后期限。瑞典国防装备管理局（它必须向瑞典政府提出购买那种导弹的建议）说，它只能根据可获得的最佳信息给出一个建议。但是获得数据中没有AIM-120中程空空导弹的数据，按说这是同类产品中最新式的空空导弹。

鉴于美国国防部不允许在瑞典进行集成工作，因此当萨伯公司提交最后标书的时候，缺乏相关数据。因此，当1994年9月1日瑞典国防装备管理局签署了一份报价函，同意向美国采购100枚休斯公司的AIM-120中程空空导弹以装备瑞典空军的“鹰狮”飞机时，是很让人吃惊的。

导弹的购买数量并不多，因为该订单只是作为一种权宜之计，最终是想获得新一代导弹。安德斯·毕焦比巴森克（Anders Bjbrck），后来的瑞典国防部长，明确指出，是否作出采购更多导弹的决定将取决于美国和其他技术的发展（即，新的项目）。如果美国在“鹰狮”出口型（包括所有相关的武器装备）的转售权问题上引起纠纷，瑞典将被迫选择一种替代的导弹系统。

上图：IRIS-T导弹在“鹰狮”上的集成工作大约与“流星”超视距空空导弹的集成工作同时开始。“流星”有望在大约五年内投入服役。

最终，在瑞典进行了必要的集成工作，并于1998年4月中旬在“鹰狮”飞机上试射了中程空空导弹（在瑞典服役的Rb99），这是该导弹首次在“鹰狮”飞机上的发射。这次试射是由“鹰狮”的原型机39-5在瑞典国防装备管理局的维塞尔试验场完成的，这也是这种导弹首次在美国以外的国家进行的试射。

第一批"鹰狮"可以在机翼外挂梁上挂载4枚Rb99中程空空导弹，在翼尖导轨上挂载两枚Rb74"响尾蛇"导弹；这种能力与"雷"式飞机相当。第三批"鹰狮"飞机在空中优势上可以预见的改进是，在机身下添加两个侧挂架，每一个又可以挂载一枚Rb99中程空空导弹。这样就超过了"雷"式飞机和瑞典国防装备管理局原来设定的对JAS 39要求的能力，瑞典国防装备管理局原来对JAS 39的要求是具有携带两枚中程空空导弹的能力，以满足空中优势职责的要求。

1992年12月27日，先进中程空空导弹（AMRAAM）首次用于实战，并取

上图：这是一幅艺术家的想象图。一架正在发射一枚IRIS-T近距空空导弹的"鹰狮"飞机。

下图：从F-4F"鬼怪"II试射IRIS-T导弹是IRIS-T方案的一个重要的里程碑。从此，IRIS-T的发展进展迅速；计划在2004年或2005年投入服役。

得了成功。当时，因为两架伊拉克的米格-25“狐蝠”闯入了由多国部队保护的一个禁飞区，两架F-16D战斗机对其展开了攻击。其中一架F-16D发射了一枚AMRAAM将其中的一架米格-25击毁。不到一个月，一架F-16C又在伊拉克禁飞区使用一枚AMRAAM击落了一架伊拉克的米格-23“鞭打者”（Flogger），由此导致AMRAAM成为国际市场上的热销产品。但是，在伊拉克上空的某些地方，也曾发生过这样的事情——对两架米格-25发射了6枚AMRAAM，但是没有一枚命中。

在南斯拉夫上空，几架联军战斗机击落了更多的敌方目标，所有这些都提高了AMRAAM的声誉。第一个由非美国战斗机取得的空空导弹的战例是由荷兰的一架F-16A完成的，当时，该机用一枚AMRAAM击落了一架塞尔维亚的米格-29“支点”飞机。这是自第二次世界大战以来，荷兰皇家空军首次用空空导弹击落敌机。

AMRAMM的竞争对手是“流星”（Meteor）超视距空空导弹，另一项国际（包括萨伯动力公司）导弹计划的产品。这项由马特拉/ BAe动力公司主导的计划，包括四个来自欧洲战斗机生产国的合作伙伴；萨伯动力公司对该项目特别上心，除了为了提高“鹰狮”的出口潜力外，还因为这一事实——“鹰狮”飞机装备 AMRAAM被看作是权宜之计。

“流星”空空导弹的合作伙伴是阿莱尼亚国防公司（Alenia Difesa）（意大利），CASA（西班牙），GEC-马可尼（GEC-Marconi）公司（英国），LFK公司（德国），马特拉/ BAe动力公司（Matra/BAe Dynamics）和萨伯动力公司。导弹本身具有多目标作战能力、上射和下射性能、弹道中段数据链接能力和高抗复杂电磁环境能力。

虽然IRIS-T导弹有一个近乎完美的客户基础，但是欧洲战斗机的国家不想依赖美国的武器，因此，他们开发了自己的导弹，以便可以把它出口到他们认为合适的国家。这样一来，欧洲战斗机和“鹰狮“自然更能吸引那些不希望依赖于美国备件的国外客户。

因为金融问题，瑞典空军在1999年6月取消了对“流星”发展计划的财政支持。但是，他们说，如果议会同意，他们可以从其他地方筹钱来继续进行研发。瑞典空军承认，虽然他们不能分担“流星”的研发成本，但他们对该导弹仍然感兴趣。

IG-JAS合作团队合作伙伴们对这一

上图：瑞典是第一个被允许在美国之外承担AIM-120中程空空导弹集成工作的国家。照片中是在维塞尔试验场上空进行的“鹰狮”原型机39-5首次试射AIM-120中程空空导弹的过程。

左图：装备了Rb99 AMRAAM和 Rb74“响尾蛇”导弹后，这架“鹰狮”的空中优势得到优化。

消息反应平静，等着看会有什么样的政治反应。在巴黎航展上，法国政府说，如果英国选择“流星”，它将会支持该方案并愿意支付高达20%的研发成本。除了在金融方面支持外，法国还将把他们的技术与与相关经验投资到“流星”的研究方案上，以便“流星”未来能装备到“阵风”飞机上，甚至包括“幻影”2000-5飞机。

1999年10月20日，欧洲“流星”集团与波音公司合作，为那些使用波音公司（前麦道公司）战斗机的国家和想要对抗美国AMRAAM或其换代产品市场的国家，创造了进口“流星”的机会。

2000年5月，“流星”赢得装备英国的欧洲战斗机的竞争，因此，增加了超视距空空导弹在欧洲的立足点。但是“鹰狮”是否装备“流星”，仍有待观察。

在2003年6月的巴黎航展上，瑞典国防装备管理局试验中心主任奥拉夫·欧格（Colonel Per Olaf Eldh）宣布，已选定“鹰狮”飞机承担“流星”导弹的重要试飞任务。因为“鹰狮”飞机的系统更成熟，因此它比欧洲战斗机

下图：这张JAS 39B 39150飞机的仰拍照片展示了它的翼下外挂梁构型和两个安装在飞机肩部的挂架。后者可能用于挂载另一对空空导弹。

更适合承担这项任务。

以色列的“德比”（Derby）超视距导弹不仅试图抢占南非市场，而且还试图抢占巴西三分之一的导弹市场份额。“德比”有发射后锁定和发射前正常锁的能力。与AMRAAM相比，“德比”更小（其长362厘米，弹体直径16厘米，翼展6.4厘米）、更轻（发射重量118千克），而且它虽然是超视距导弹，但是它还可以在短程作战上有效地发挥作用。

空面武器

瑞典空军的“雷”式飞机使用的空面武器也被集成到“鹰狮”飞机上。例如，对ARAK 70火箭吊舱和AGM-65“小牛”导弹的集成分别开始于1992年和1993年。

“小牛”导弹，是一种经过战争检验的导弹（在“沙漠风暴”行动中，它取得了92%的命中率），其在瑞典空军服役的名称是Rb75。“小牛”导弹在“鹰狮”39-2上进行了试射，它可用于对付多种目标，例如，野战工事、掩体、坚固的飞机掩体、坦克、装甲运兵车和装甲战车、停放的飞机和雷达或导弹基地。ARAK 70火箭吊舱和AGM-65“小牛”导弹的集成分别于1996年和1997年结束。

萨伯动力公司最成功的导弹之一是RBS 15反舰武器。RBS 15反舰导弹是由早期的RB 04反舰导弹改进而来，其最初是为陆基和舰基发射而于20世纪70年代开发的。它后来被改进成可用于空中发射的RBS 15F，并于1989年进入瑞典空军服役。

为“鹰狮”飞机开发的RBS 15 Mk.3, 射程超过124英里（200千米）。这可以使得瑞典空军能通过不同方位发射多枚导弹来击溃敌方的防御，从而确保作战任务具有更高的成功机会。在这个级别的其他导弹还有挪威开发的“企鹅”Mk.3导弹和法国的“飞鱼”导弹；但是它们两个都早于RBS 15F导弹。

原RBS 15从一开始就设计具有的能力是：

空舰导弹

	RBS-15F	“企鹅 ”导弹	“飞鱼”导弹	RBS-15F Mk.3
长度/米	4.45	3.18	4.68	4.35
机身直径/米	0.5	0.28	0.35	0.5
翼展/米	1.40	1.4	1	1.4
战斗部重量/千克	300	120	165	
总重/千克	600	385	660	800
射程/千米	90	55	50	200

- 在一组目标中选择一个具体目标。
- 判别岛屿或陆地周围的舰船。
- 探测并打击港口的舰船。
- 寻找并攻击陆上目标，例如，大型建筑物、港口设施和防空阵地。

子母炸弹武器系统39（DWS 39），是从为德国空军F-4F“鬼怪”Ⅱ研制的系留式挂载的模块化子母弹箱系统上改进而来的，它是世界上系列化生产的首个自主无动力飞行的子母弹武器。瑞典政府与德国MBB公司（后来的DASA-LFK公司）在1986年11月签署了为“鹰狮”飞机研制一个DWS系统的合同，也就是后来的DWS 39。该子母炸弹武器系统50%在德国生产，50%在瑞典生产。

DWS 39能够携带多种小炸弹，在部署好后，它可飞行到指定的目标区域。在瑞典空军服役的被称为BK-90，1992年，在第一批“鹰狮”飞机的首架被交付前一年，它被用于AJ37“雷”式飞机上；从“鹰狮”飞机进入服役的那一刻起，就被用于“鹰狮”飞机上。

DASA-LFK公司把DWS 39的生产分包给很多公司；为DWS 39生产部件的公司有：戴姆勒-奔驰宇航公司（Daimler-Benz Aerospace），TDA/TDW公司，Celsius技术公司

上图：1998年，“流星”超视距导弹与IRIS-T导弹和IR-OTIS系统一起，在JAS 39A“鹰狮”39105上首次进行了系留挂载试验。

（Celsius Tech），FFV航空公司（FFV Aerotech），博福斯导弹公司（Bofors Missiles），北欧化工公司（BOREALIS），萨伯动力公司（Saab Dynamics），萨伯军用飞机公司（Saab Military Aircraft），瑞典的FFA航空研究院（FFA Aeronautical Research Institute of

下图：一张“鹰狮”飞机发射“流星”超视距导弹的计算机模拟图。

Sweden），蒂森·范古斯公司（Thyssen Feinguss），奥托·富克斯冶金厂（Otto Fuchs Metallwerke），SPEKON Sachsische Spezial konfektion公司，赫尔穆特鲍尔公司（Helmut Bauer KG）和MSA（英国）有限公司（MSA (Britain) Ltd.）。

根据DWS39的使用经验，进一步发展了防空区外发射的导弹家族。1998年10月8日，博福斯导弹公司和DASA-LFK公司组建了一家名为“金牛座”（TAURUS）系统有限责任公司的合资公司，其中博福斯导弹公司占33%的股份，DASA-LFK公司占67%的股份。

“金牛座”导弹家族是从标准的“金牛座”350导弹发展而来的，因为这种导弹的射程是218英里（350千米），所以得名“金牛座”350，它配备了一个无限脉冲响应（IIR）导引头、一个GPS/INS系统和地形导航（TERNAV）系统。这个武器家族采用了模块化的系统，因此，可以按照用户的特定要求进行定制。

这两种武器的作用是打击高价值目标，其优越的作战理念是基于以下方面：

- 在各种天气条件下的高精确打击能力。
- 低附带损伤（这一点在北约对南联盟的打击中被证明是非常重要的）。
- 远射能力。根据所选择的类型，可以提供一定的防区外发射能力，这意味着发射载机可以避免进入危险和高威胁区就可以发射导弹。
- 低损伤级别下的高突防能力。这一点可以通过地形导航系统、GPS/INS系统、IIR系统、高亚声速巡航速度和一个低的雷达目标特征实现。

1998年8月27日，瑞典国防装备管理局的马勒姆（Malmen）空军基地在其“鹰狮”飞机上对“金牛座”KEPD-150导弹进行了试飞；在39145的内翼挂架上挂载了两枚样机。

“金牛座”导弹对比表

	“金牛座”KEPD-350导弹	“金牛座”KEPD-150导弹
重量/千克	1400	1060
长度/米	5.00	4.50
射程/千米	350	150
发动机	1500磅涡轮喷气	1300磅涡轮喷气

注：KEPD=动能贯穿和摧毁。

在1999年初，德国政府同意发展“金牛座”KEPD-350导弹。原计划在1999年10月4日完成无动力飞行试验计划，但在“金牛座”KEPD-350导弹的首次无动力飞行成功之前，随后在第二年，即

上图："鹰狮"JAS 39A 39116飞机挂载4枚Rb75"小牛"导弹和2枚Rb74"响尾蛇"导弹，这种武器构型赋予"鹰狮"飞机对敌方装甲部队更高效的攻击能力，同时也给自身提供了一定程度的自卫能力。

2000年9月30日，在维塞尔试验场的上空又实施了进一步的计划。

2001年4月11日，专门用于"金牛座"导弹的图像辅助导航系统安装在一架德国的"狂风"战斗机上进行首次飞行，标志着取得了另一个里程碑事件；在这次试飞过程中，系统的红外导引头从预先设置在地面上的20个目标中识别出了19个。

由于"鹰狮"飞机未来的任务之一将可能包括与新的欧洲快速反应部队

左图：在1992年期间，ARAK 70火箭吊舱应该进行了试验，这主要是根据这一事实猜测得到——该吊舱已经被记录在瑞典空军的物资清单中。"鹰狮"飞机可以被设计成携带和使用更多的高科技"智能"武器，虽然最多只能配备4个ARAK 70火箭吊舱，但它仍然可以造成大量的伤害。

上图：像大多数战斗机一样，“鹰狮”飞机用一对飞机承担作战任务，每一架飞机的装备都不同，以便它们能应付任何突发威胁。请注意，39165的飞行员如何展开飞机机身后部的空气动力减速装置。

左图：“鹰狮”的武器载荷已经改进并逐年增加，武器测试和集成一直持续到今天。F7联队的JAS 39A 39122携带的RBS 15F反舰导弹（内侧挂架）和Rb75“小牛”空面导弹用于执行攻击任务，Rb74“响尾蛇”空空导弹（翼尖）用于自卫，机身中心线位置悬挂的副油箱用于增加航程或续航时间。这种武器载荷类型赋予“鹰狮”飞机自由人作用的能力。

的联合作战，因此对把激光制导炸弹（LGB）集成到飞机上有明确的要求。另外，为了满足“鹰狮”出口市场的需求，这种能力和作战要求也是必需的。

1998年9月，瑞典空军进一步宣布，打算在有关新的超视距导弹的采购上，延迟作出最后决定，而倾向于使用精确制导炸弹（PGM）。因为未来瑞典将可能参与维和任务，执行这种任务时，交战规则很复杂，可能很少有机会

右图：令人印象深刻的武器载荷：DWS防区外子母小炸弹散布器（内侧挂架），Rb75“小牛”ASM导弹（外侧挂架），Rb74“响尾蛇”AAM导弹（翼尖导轨）；再加上一个辅助燃油箱（机身中线）。

下图：JAS 39A“鹰狮”39145飞机被用于“金牛座”KEPD-150防区外导弹的首次系留载运飞行试验。

使用超视距武器。

2001年10月8日，瑞典国防装备管理局给萨伯公司提供了一份涵盖精确制导炸弹研制的合同，同时注明，武器将由瑞典国防装备管理局采购。该合同也涵盖了武器挂架，但是因为飞机主要用于承担国际义务，因此很明确，该武器挂架也必须能挂载来自其他国家的武器；简言之，就是它们必须符合北约标准。几年前，南非的迪奈尔（Denel）公司就收到了为出口型"鹰狮"生产武器挂架的合同，现在他们可以把生产好的武器挂架交付给瑞典空军了。

下图：未来的武器是什么形状？这是一张JAS 39A 39150飞机被篡改后的照片，该机的翼下外挂梁上挂载着想象中的未来武器载荷。一架全副武装的"鹰狮"飞机将可以与比其体型大的"雷"式飞机挂载同样多的武器载荷。这架"鹰狮"飞机是第二批次的飞机；第三批次的飞机甚至能力更强，因此比"雷"式飞机优越。

任何一份投标书的结果可能完全取决于政治问题。因此，除了与北约标准兼容的空地武器外，"鹰狮"国际也在寻找其他的选项，这样的一个选项是由以色列的拉斐尔（Rafael）公司生产的一个制导套件，它将被装备在以色列国防军/空军使用的Mk.83和Mk.84普通炸弹上。

集智能、精确打击和成本效益于一体的制导套件很好地把普通炸弹变成了能在超过31英里（50千米）的防区外发射的精确制导炸弹。它有一个光电导引头，能识别出目标并给出精确的指示。光电导引头探测的图像可以被显示在座舱内的显示器上。由GPS/INS提供导航的SPICE与"鹰狮"飞机一起在2003年巴黎航展上进行了首次展示。

2003年6月，"鹰狮"飞机在维塞尔试验场执行了与北约炸弹的首次分离试验。南非首席试飞员约翰内斯·茹贝尔（Johannes Joubert）从飞机上投放了

Mk.83炸弹以验证武器载荷是否能安全从飞机上分离。另外的北约武器载荷，例如，Mk.82和GBU-10（制导炸弹装置）由萨伯公司的试飞员马格努斯·奴利柏（Magnus Ljungdahl）进行了试飞。为了出口客户的需求，计划在不久的将来，对大约10种北约武器载荷进行这些试验。

上图：一架JAS 39B“鹰狮”飞机，在其机身右舷的肩部挂架上挂载着一个云顿公司的侦察吊舱。

压制敌方防空力量（SEAD）任务

自从越南战争以来，压制敌方防空力量正在变得越来越重要。在两次海湾战争期间，盟军的任务是摧毁伊拉克的雷达装置，以确保其他攻击飞机能顺利通过。在巴尔干地区的冲突中，压制敌方防空力量的专用飞机的价值再次得到证明。当时，服役的两种反辐射导弹分别是美国的高速反辐射导弹（HARM）AGM-88和英国的空中发射反辐射导弹（ALARM）。

瑞典空军还没有专门承担压制敌方防空力量任务的飞机或者导弹，一些专家认为，压制敌方防空力量的最好的解决方案仍是激光制导炸弹。但是，为了提高“鹰狮”飞机出口的市场竞争力，萨伯公司表态说，如果客户希望飞机具有压制敌方防空力量的能力，那么他们可以很容易地把压制敌方防空力量的武器集成到飞机上，但前提是，只有当这种能力在市场上有足够的需求时，公司才会这样做。

识别系统

维康（Vicon）70系列72C

在1998年范堡罗航展上，由云顿公司（W Vinten Ltd.）制造的维康70系列72C光电/红外战术侦察吊舱被宣布为出口型“鹰狮”的首选方案，这是另一个里程碑标志。云顿公司制造侦察吊舱的历史悠久，干扰配置系统、视频记录系统和维康70系列在10年前就已经开发，用于诸如英国宇航公司的“鹞”式和“鹰”式飞机、帕那维亚飞机公司“狂风”飞机、麦道公司的A-4“天鹰”飞机、达索航空公司的“幻影”飞机和一系列的直升机。该吊舱曾用在各种构型的飞机、各种天气条件和速度上（有时马赫数都超过了2）。

维康72C是专门为“鹰狮”开发的，挂载在“鹰狮”飞机的机身中心线挂架和/或飞机肩部挂架上。其主要特点是：

- 重量轻、阻力低的吊舱结构。
- 高性能昼/夜红外行扫描传感器（IRLS）。
- 选择高性能的昼间光电（EO）传感器。
- 得到主要欧洲国家空军认同的传感器。
- 在高性能作战飞机上对传感器进行了全面试飞。
- 光电或红外图像的机载瀑布图（waterfall）显示。
- 在地面上用S-VHS磁带可以记录和重放影像。
- 自动侦察任务规划系统。
- 通过“鹰狮”的TIDLS通信系统，飞机的图像信号接口能进行图像链接。

此外，期望瑞典空军不久将订购吊舱，因为SF37“雷”式飞机的侦察配置在几年内将被取代。但是，从出口来看，范堡罗航展上的宣布是重要的，因为这标志着“鹰狮”现在是一个完整的系统。

MRP 39

2000年12月，瑞典国防装备管理局想把侦察系统装备到瑞典空军的“鹰狮”飞机上，为此，发出了一个询价的请求，在来年的夏季收到了提案。2001年12月21日，瑞典国防装备管理局授予萨伯航空电子公司一份价值60亿瑞典克朗的合同，以支持其MRP39模块化吊舱的开发，MRP39模块化吊舱是为执行维和任务专门配备的。这并不意味着维康70未达到瑞典空军的要求；作出这一决定的原因主要是为了支持民族工业，为潜在的出口客户提供更多的选择。

萨伯航空电子公司在与云顿公司、洛克希德·马丁公司和雷神公司，以及其他公司的激烈竞争中赢得了含有8个“鹰狮”飞机用的吊舱的订单，这些吊舱计划在2004年首次交付。订单来的很及时，因为SF37“雷”式飞机联队正处于过渡到“鹰狮”阶段。

MRP39 吊舱将是Terma公司模块化侦察吊舱（MRP）的改进型；Terma公司是萨伯航空电子公司的主要分包商。MRP39 吊舱的结构将比用于F-16的MRP

的最初型号在空气动力性能上更先进，F-16上用的MRP的表面是块状结构，而MRP39吊舱的表面是低于180°的环形结构。由于系统采用了模块化设计，因此能更好地适应任务的需要。

在2002年6月6日宣布，为了使MRP39具有同步录制/播放能力、较高的平均故障间隔时间、小尺寸和重量轻，MRP39选用了L-3数据记录系统和战略/战术机载记录器（STAR）RM-8000R。1999年11月18日和19日在爱德华空军基地，战略/战术机载记录器系统在“龙”式飞机上进行了试飞。但是这与萨伯航空电子公司的记录器招标无关。

LITENING吊舱

由于天气和夜间的视觉条件，24小时作战能力可能是一个大问题。在两次海湾战争期间，这是最明显的问题，为了能24小时执行作战任务，必须使用不同的作战程序；例如，必须有飞机来为其他携带激光制导炸弹的飞机指定目标。

在2000年国际航空航天展上，参展的JAS 39B“鹰狮”首次展示了机身下方的LITENING吊舱。萨伯公司和英国宇航公司已经正式同意由以色列的拉斐尔公司把LITENING吊舱集成到“鹰狮”飞机上，交易预计在3个月后与蔡司公司（Zeiss）（一家拉斐尔公司在欧洲的合作公司）签署。

在2000年7月范堡罗航展上，萨伯公司正式宣布，LITENING吊舱已被选定用于出口“鹰狮”飞机上并且可能被瑞典空军选用。该吊舱已经在世界各地的空军服役，其性能在战斗中也得到了证明。

LITENING吊舱是一个机载定位和导航系统，旨在帮助飞行员寻找目标，一旦实施了攻击，它就会跟随看到的目标并记录结果。它有一个能够通过400°转向能力的探头，当战斗机飞行于低空、夜间和全天候条件下，甚至在飞行员执行高过载作战斗机动或采取规避动作时，都可以保证前视红外、激光和电视传感器跟踪目标。记录结果可用来更好地提供战斗损伤评估。该吊舱能提供：

- 在恶劣的天气条件下，昼/夜精确打击能力。
- 在定位和跟踪目标时，减少飞行员的工作量。
- 用一个系统就能提供定位和导航能力。
- 减少操作限制。

- 简化维护和支持工作，并降低寿命周期成本（这是系统模块化结构的结果）。
- 具有成长潜力。

LITENING系统包含以下系统：前视红外传感器，惯性导航系统，一个窄视场CCD相机/激光光斑探测器/视场取景器/跟踪器、一个宽视场CCD相机和用于联合作战任务的激光指示器。这些传感器都进行了模块化集成，因此该吊舱可很方便地用于不同类型的任务。借助于与数据链系统的联网，没有装备LITENING系统的飞机也可以使用LITENING系统的功能。

该吊舱应该是挂载在"鹰狮"飞机机身肩部的机翼挂架上，那里还挂载着侦察吊舱，按照萨伯公司的说法，这是"鹰狮"飞机的一个优点，因为这样做不会降低"鹰狮"飞机武器载荷的效果。

作为鹰狮国际公司对匈牙利和南非出口义务的一部分，在2003年2月7日，"鹰狮"39101对蔡司光电公司的LITENING激光指示器吊舱（LDP）进行了首次试飞；2002年圣诞节前不久已经开始进行地面试验。这为进行精确制导炸弹的试验铺平了道路。选择"鹰狮"飞机是因为它也是装备有由丹尼尔公司生产的与北约标准兼容的挂架的试验机。

雷达

由于组成了IG-JAS合作团队，下发了首批"鹰狮"的合同，爱立信公司（LM Ericsson）开始研制"鹰狮"的新型雷达系统，该雷达系统被称为PS-05A。在雷达系统的生产和开发上，爱立信公司拥有丰富的历史经验。当爱立信公司被授权为J32"长矛"喷气式战斗机和攻击机生产雷达系统时，它首次获得了雷达系统的研发经验。早在1950年，

左图：在"雷"式飞机37-51上对PS-05/A雷达系统进行了试飞，该"雷"式飞机特别换装了一个 "鹰狮"飞机的机头。照片中显示的就是这架飞机，站在飞机前面的人是萨伯公司的试飞员拉尔斯·罗德斯壮。

爱立信公司就开始与汤姆逊-CSF公司（Thomson-CSF）合作，两年后，开始了“长矛”飞机雷达系统的许可生产。

萨伯公司的第二代飞机，J35“龙”式超声速战斗机，装备了首个由爱立信公司自行设计的雷达系统，该雷达系统的研发始于1956年，从那以后，瑞典所有作战飞机的雷达系统的研发工作一直由爱立信公司承担。新的多模式脉冲多普勒“鹰狮”雷达仍延续了这一传统，该雷达的研发工作始于1982年，瑞典人期望该雷达能提供3倍于其“前任”的能力。

1987年9月，由飞行员贝恩特·韦默（Bernt Weimer）驾驶“雷”式37-51飞机对该雷达系统进行了首次试飞。到“鹰狮”原型机39-4首飞时，该雷达原型系统已经在“雷”式飞机上试飞了160多个试飞架次。在1991年12月，37-51飞机计划的退役日期前，该雷达系统最终在“雷”式技术验证机上完成了238个试飞架次。

首台生产型的PS-05/A在1989年交付，并安装在原型机39-3上进行了首飞，但是后来它又在39-5和39101上进行了试飞。1993年6月完成了该雷达系统的试飞定型。

上图：装备PS-05/A雷达系统的首架生产型JAS 39A“鹰狮”39101，被用来作为该装备的试验平台。

下图：PS-05/ A的多模式脉冲多普勒目标搜索和捕获（下视/向下照射）雷达及其所有的线路可替换单元。

右图：对PS-05/ A雷达系统进行的升级，迄今为止，从表面是看不出来的。

一般情况下，该雷达是一部主动搜索系统，因此可能会被电子战干扰；事实上，雷达系统的发展或者说任何其他的主动搜索系统最终都会采取反干扰或电子对策（ECM）系统来作为对这一问题的解决方案；任何电子对策系统可能自身也需要一种电子对抗对策（ECCM）系统。结果，为了确保飞机具有足够的空间来安装所有这些复杂的系统，飞机变得越来越大，也越来越重；反过来说，就会使飞机的造价越来越高。因此，寻找到一种最佳的系统组合是非常重要的，这能在面对敌人时给飞行员一种主动和被动的优势。

大约在该PS-05/ A开始发展的同一时期，对用于英国海鹞F/A.2飞机的“蓝泼妇”（Blue Vixen）雷达进行了研发，爱立信公司自豪地指出，部分为PS-05/ A开发出的电子装置也被用于“蓝泼妇”雷达上。反过来，“蓝泼妇”的天线平台也用于PS-05/ A雷达上。正如爱立信公司在其广告中指出的那样，神秘的“鹰狮”虽然有“狮子身体”和“鹰的头部”，但是爱立信公司却用PS-05/ A为“鹰”提供了“视力”。

对于爱立信公司来说，PS-05/ A雷达是一个最具挑战性的项目。该雷达由6个可替换单元组成，技师可以在机场维护工作区用30分钟左右的时间对其中任一个单元完成替换。这些可替换单元分别是天线、功率放大器、辅助发射机、高频单元、信号和数据处理器以及波导单元。

其天线单元有轻量级的开槽波导管，一个警戒天线和低量级的边波瓣。低量级的边波瓣对于减少干扰和杂波效果是非常重要的——边波瓣越少，飞行员在屏幕上看到的图像越亮，数据处理器提供的图像效果越好，雷达对电子对抗系统的抗性越好。

天线和其平台的重量是55磅（25千克）。与“雷”式飞机的PS46/A雷达相比，PS-05/A雷达的输出是1千瓦，而PS46/A雷达的输出只有0.5千瓦，其重量大约是后者重量（342磅至573磅（155千克至260千克））的60%，并且其体积只有后者的60%。另外，PS-05/A雷达的天线直径是23.6英寸（60厘米），而PS46/A雷达的天线直径是27.6英寸（70厘米）。

飞行员可以根据将要执行的任务类型选择不同的雷达工作模式，这些模式都是由软件控制的。对于雷达有两种任务类型：一种是空对空；一种是空对地。对于空对空出击任务，不同的工作模式有：

- 远程搜索。
- 搜索时实现多目标跟踪。
- 多优先目标跟踪。
- 用于空战的短距离、广角搜索和跟踪。
- 单目标跟踪。
- 作战评估。

对于空对地任务，有以下不同的工作模式：

- 远程搜索。
- 地面和海上的优先目标跟踪。
- 测绘。
- 空对面广泛搜索。

天线平台由GEC-马可尼公司提供，后该公司被英国宇航公司收购，它是PS-05/A雷达的最大分包商。该雷达被安装在头三批“鹰狮”飞机上，但计划中的升级意味着，PS-05/A雷达将被一种主动式电子扫描阵列（AESA）雷达系统替代。主动式电子扫描阵列雷达系统是下一代战斗机的雷达，但是在把它引进到“鹰狮”飞机上之前，PS-05/A雷达已经进行了一些升级。其中的一项升级涉及到新的计算机系统，即D80E计算机被模块化机载计算机系统（MACS）取代。后者强大的能力将改进“鹰狮”飞机在高等级电子对抗环境中的能力，因为与D80E计算机相比，模块化机载计算机系统能为“鹰狮”飞机多提供50%的性能和可靠性。

另一项用于第三批次“鹰狮”飞机的雷达改进计划是引进国际间的敌我识别（IFF）系统，以便飞机能够参加未来的国际和平执法行动。

PS-05/ A是第一部使用“货架”部件的雷达，因为这种部件更便宜而且研发成本最低。按照瑞典国防装备管理局的杂志《FMV Aktuelt》的说法，PS-05/A雷达的性能比规范规定的更好，规范是按照3倍于“雷”式飞机雷达能力的指标制定的。以规范（这是在1982年签订JAS 39合同时制定的）规定的水平作为100%，在PS-05/ A雷达的空对空模式，目标的探测距离在115%～140%之间，空对面的数值达到120%，而且整体的精度为150%。在上一代雷达上所取得的改进令人印象非常深刻。

尽管PS-05/ A雷达仍相对较新，但是，1994年11月，爱立信雷达电子公司又与瑞典国防装备管理局签订了研发新一代雷达的协议，该协议包括机头安装雷达系统的新技术研究。这项技术的独特功能是，在天线不运动的情况下，搜索波瓣可单独运动。这项研究的目的是研究AESA雷达系统的潜力，和在“鹰狮”飞机上引进的可行性。

AESA雷达系统是基于发射器/接收器模块（TRM）的一种新型雷达，它可以同时执行不同的任务；该发展计划被命名为NORA（(Not Only Radar，意思是：不仅只有雷达）。发射器/接收器模块组成了AESA雷达系统的核心部件，1994年，开始执行一项命名为ARON（NORA倒过来写）的发展计划。

随着时间的推进，发射器/接收器模块的大小和能力在迅速发生变化，实际上，发射器/接收器模块的尺寸变化如此之快，以致于欧洲的竞争者们对爱立信公司在单独开发阶段所进行的质量改进很惊讶。第一代发射器/接收器模块大约是6.3英寸（16厘米）长，第二代发射器/接收器模块的长度达到3.15英寸（8厘米），但是这仍然太大以致于无法容纳在目前PS-05/A雷达系统在“鹰狮”飞机的机头部位所占据的空间中。解决办法是想方设法减少发射器/接收器模块的尺寸以使新型雷达系统能装备到“鹰狮”飞机上，到1998年底，收发器的大小已减少到1.57英寸（4厘米），但是这一尺寸仍然太大。

1997年6月26日，第三批“鹰狮”的订购合同被签署，这也意味着爱立信公司在发展其AESA雷达技术上，得到了瑞典国防装备管理局的继续支持。到2001年，爱立信公司计划主动把AESA雷达的研究推向市场。AESA雷达具有主动工作和被动工作的能力，为了扩大它的搜索范围，天线将被放置在一个可移动的平台上。由于搜索波瓣可以进行电子操纵，因此与现行系统相比，可移动的平台将给该雷达提供更宽广的视角。另外，这种新型雷达的最大优势是其边波瓣很低，因此它很难被干扰。

这种新型雷达的主要特点是提高了“鹰狮”飞行员对空中作战的态势感知能力。爱立信公司一直在寻找一个参与AESA雷达研发的合作伙伴，但再怎么快速找到一个合作伙伴，也不会减

左图：NORA在“鹰狮”飞机上的试飞定于2004年开始；计划于2010年开始装备到生产型“鹰狮”飞机上。

轻AESA雷达研究对瑞典政府拨款的依赖，瑞典政府拨款的目的是为了到2010年后，能把AESA雷达集成到“鹰狮”飞机上。

收发器/发射器单元最初被集成在一个“砖形”系统中，它由很多TRM按照一个摞另一个顶部的顺序堆放成“砖”组成，但是在研究期间，爱立信公司把堆放顺序改成了“瓷砖”式系统，公司觉得这样的方法发展前景更好，因为它制造起来更便宜，并且也更容易集成到“鹰狮”飞机上。

美国在这一领域的研究稍稍领先，并在2000年将其第一部基于AESA技术的雷达投入服役。1999年12月，美国启动了对F-15C/ D“鹰”的APG-63（V）2雷达的改装计划，以为该机提供下一代雷达的能力。在AN/APG-63(V) 1雷达的基础上，AN/APG-63（V）2 用AESA装置取代了天线。改造计划的目的还在于帮助美国空军做好使用F/A-22和F-35的准备工作，因为这两种飞机都将采用AESA技术。

到了2000年的国际航空航天展上，爱立信公司仍没有找到一个合适的合作伙伴，尽管这样，AESA计划的研究仍然进展顺利，并计划在“雷”式飞机上对一个雷达验证系统进行试飞。在2001

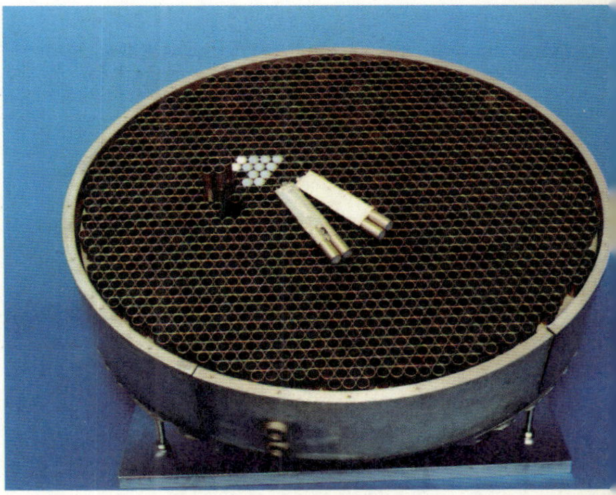

上图：在NORA的早期研发阶段采用的“砖”式集成技术。

下图：目前正在为NORA系统开发的新的“瓷砖”式集成技术。

年巴黎航展上，爱立信公司宣布，它已得到雷神公司的同意，从它们那里购买一个天线系统，并将在2004年初交付。按照总经理拉尔斯·卡尔伦（Lars Karlen）的说法，这将使其能够按照进度要求及时为瑞典空军演示AESA雷达的能力。该天线将专门建造以使其能集成到爱立信公司的AESA验证系统中，但是，为了防止美国的敏感技术被转移，该天线系统将会被密封。

雷神公司只提供一个天线，但是雷达验证机将确定AESA雷达的所有优点，给爱立信公司提供建造雷达系统的经验，并且在2010年把其集成到"鹰狮"飞机上。完整的AESA雷达系统验证机准备在2004年试飞，并将配备一个大约由1000个TRM组成的天线。

红外搜索与跟踪系统

在作战的情况下，不能经常使用雷达，否则将使飞机本身很容易被探测到，而且信息获取可能因被严重干扰而无法使用，因此战斗机必须有另外一套能提供数据的系统。这些系统就是前视红外探测系统（FLIR）及红外搜索与跟踪系统（IRST）。但是，红外搜索与跟踪系统似乎并不是一个新系统——而且在米格-29"支点"和苏-27"侧卫"飞机分别在范堡罗（1988年）和巴黎（1989年）航展上展示它们的系统时，一些美国战斗机甚至瑞典飞机也都装备了IRST设备。

但是，西方国家的这些装备的探测效率并不是特别好，所以被电视系统所取代甚至被完全取消。虽然俄罗斯的设置与一些瑞典"龙"式飞机上的安排相似，但是俄罗斯让这种设备的探测结果以图像的方式显示。

红外搜索与跟踪系统的主要优点是，它是一种静默系统，对这种系统的跟踪敌人察觉不到。在隐身技术越来越重要的时代，这种所谓的静默系统的价值也逐渐引起人们的重视。萨伯动力公司负责选项中的一个：红外-光电跟踪和识别系统或IR-OTIS（前视红外探测系统FLIR和红外搜索与跟踪系统IRST的组合）。1997年底，用"雷"式飞机37301 承担了IR-OTIS系统的飞行试验。这架特殊的"雷"式飞机首飞于1979年11月4日，退役于2000年4月6日，在此期间，只飞了1166飞行小时，其中大部分时间由萨伯公司使用，因为它从1983年至1990年6月26日一直在为制造商服务。

萨伯动力公司还开发了一个飞机光电系统TV-OTIS，从1992年12月到1994年春季，在一架"雷"式飞机上对该系统进行了飞行试验。

瑞典国防装备管理局授予萨伯动力公司一项开发其红外搜索与跟踪系统原型机的合同，该系统主要用于“鹰狮”飞机，但也可能包括最后几架“雷”式飞机。IR-OTIS由一个传感器单元和一个信号处理单元组成。传感器安装在座舱盖的前面，当不用时，可以向后转以保护镜头（例如，在起飞和降落时的异物可能对镜头造成损害）。信号处理单元被安装在离传感器几米远的地方，以使其更容易集成，两者之间通过一对光纤电缆进行通信。

在2000年国际航空航天展上，瑞典空军首席代表詹·琼森将军说，还没有决定空军是否采购IR-OTIS系统，因为必须对该系统与其他系统的比较优势进行仔细审查——只能花一次钱。但是，当IR-OTIS系统本身在生产型“鹰狮”39150飞机上试装时，发现该系统一个有趣的功能，它能够跟踪弹道导弹。在当年的范堡罗航展上，一名萨伯动力公司的代表指出，目前正在对该系统的软件进行升级，以使其工作更加可靠和有效。

IR-OTIS系统也连接了飞机的中央计算机，以便它能接收数据或者为其他飞机提供数据。这使得飞机的电子演示系统也显示FLIR模式的传感器图像和来自于IRST模式搜索过程的结果（例如，跟踪和扫描的目标数量）。传感器单元的重量大约是66磅（30千克），信号处理单元的重量大约是22磅（10千克）。至目前为止，在1997年，瑞典国防装备

上图：用于测试IR-OTIS系统的“雷”式飞机37301，IR-OTIS系统就位于该机的挡风玻璃的前边。

下图：IR-OTIS系统搜索区域的一个示意图。

上图：用于为生产型“鹰狮”飞机试装IR-OTIS系统的JAS 39A“鹰狮”39150飞机。试验圆满完成，随后从该飞机上拆除了IR-OTIS系统。

管理局只放出一个很小的订单，用于可行性研究。

一架飞机只有把它的全部或部分传感器和链接信息通过一个安全的数据链链接到指挥部和空中或地面的其他飞机上才能取得萨伯公司所称的信息战的胜利。这样就提供了实时信息并为其他在空中的飞行员提供了他们所需要的信息，而不必让他们使用自己的雷达或其他主动式探测系统来获取，这也为地面军械师把下一个任务所需要的武器正确组合在一起提供了时间。这全都由战术信息数据链系统（TIDLS）来完成，该系统给“鹰狮”飞行员提供了一个“接近隐身”的能力。战术信息数据链系统和PS-05/A雷达，是第一批“鹰狮”飞机的标准装备系统；当第二批“鹰狮”飞机进入生产线时，IR-OTIS开始了试验。

右图：IR-OTIS系统的线路可替换单元。该系统可以安装在瑞典空军所有“鹰狮”飞机上。

雷达、战术信息数据链系统、IR-OTIS和其他内部信息提供者把他们的数据传递到3个俯视显示器（HDD）和一个平视显示器（HUD）上。当平视显示器上的信息可以达到在一个头盔瞄准器（HMS）上显示的时刻时，平视显示器将会过时，但是在“鹰狮”飞机的作战生涯开始时，还没有达到这一阶段。头盔瞄准具开发于第一批和第二批“鹰狮”飞机的生产期间，它可以确保最重要的信息将始终显示在飞行员的眼前。

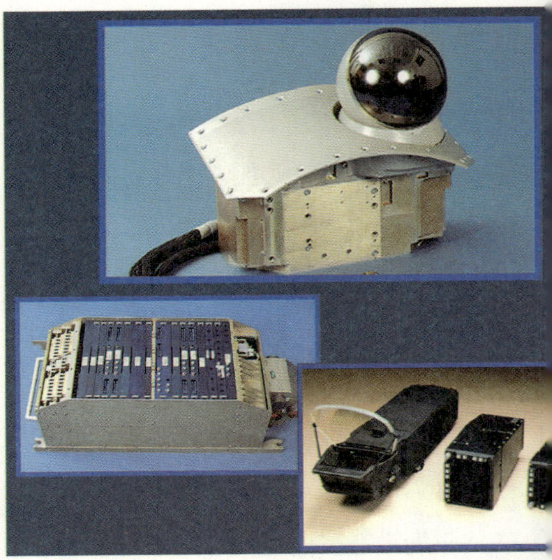

第6章 座舱

人机界面（MMI）

“鹰狮”的性能取决于很多因素。其中有些受飞行员影响的因素可以分成生理的和与系统/信息相关的性能。这两类都受限于人的输入——借助于抗荷服和呼吸辅助设施，飞行员能承受过载的生理极限是9g，而与系统/信息相关的性能（换句话说，就是精神的表现）每个飞行员都不同，但他们可以通过提供信息的方式获得帮助。由于信息供应方式的改进和新的信息提供者的贡献，座舱中的信息供应量始终在增加。

对飞行员来说，座舱是最重要的信息提供者，因此把所有的系统放到正确的地方并得到最佳使用是很重要的。从左侧顺时针算起，“鹰狮”的座舱中有下列控制面板：

- 雷达面板。
- 油门和系统控制的组合（油门和驾驶杆手柄（HOTAS）系统的一部分）。
- 通信控制单元（后来被通信控制显示单元（CCDU）代替）。
- 飞行数据显示器（左侧的俯视显示器——EP-17显示系统的一部分）。
- 操纵杆（油门和驾驶杆手柄（HOTAS）系统的一部分）。
- 平视显示器（EP-17显示系统的一部分）。
- 主要模式选择和状态指示灯。
- 水平位置显示器（中间的俯视显示器——EP-17显示系统的一部分）。
- 多传感器显示器（右侧的俯视显示器——EP-17显示系统的一部分）。
- 告警面板。
- 数据面板。
- 数据传输单元。
- 弹射座椅。

一些飞行员发现主要信息提供者，EP-17显示器，显示内容太拥挤，因此对显示器进行了放大。原来的座舱布局有一个84平方英寸（540平方厘米）的显示区，不包括平视显示器。新的EP-17 Mk.3和Mk.4显示系统有一个154平方英寸（994平方厘米）的显示区域，不包括平视显示器，这个大小除了达索航空公司的"阵风"和洛克希德·马丁公司的F/A-22"猛禽"外（后者已超过213平方英寸（1375平方厘米）），超过了大多数同类飞机的显示系统。

人机界面大为改善，对这样一个小型飞机来说，看到它的显示区域比双发的欧洲战斗机还要大，很令人惊奇。

油门和驾驶杆手柄系统

油门和驾驶杆手柄系统为飞行员提供了作战期间所有必需的重要功能。这意味着，在交战期间，飞行员将不需要在座舱内观察他的手和手指是否已触摸到正确的按钮。操纵杆上的按钮，使飞行员可以不用看就能操作它们，这意味着，飞行员可以把他的注意力集中到敌人身上和座舱外发生的事情上。为了使这些功能能成为完全自动的动作，应进行训练，按照萨伯公司试飞员的说法，这种动作就是每一个飞行员来自直觉的动作。

在"鹰狮"研发期间，飞机坠毁过两次，两次事故的原因都是驾驶员诱发震荡。飞行试验很重要，因为它可以消除系统中的缺陷，改进FCS（飞控系统）和控制杆的组合，并校准这两个系统，使他们工作更和谐。起初"鹰狮"的操纵杆小而漂亮，相比于瑞典以前的设计，引进了一些新颖的特征。操纵杆原本有两种灵敏度：

- 对大杆力运动时的正常灵敏度。
- 对小杆力运动产生的高精度精细控制的低灵敏度。

此外，当飞行员正在使用不同的系统时，一个转矩电动机可能会减弱操纵杆的运动，并且可能因意外事故，干扰操纵杆，使飞机偏离航向——这在编队飞行时是非常危险的情况。

在"鹰狮"原型机首飞前不久，人们注意到，转矩电动机不适航，因此将它断开。在首飞前的台架试验期间，人们发现即使不用转矩电动机，操纵杆工作也很顺利，但是对第一架原型机出事的事故调查报告显示，操纵杆对事故的发生起了次要的作用。因此，萨伯公司开始了操纵杆整体概念的研究。

"鹰狮"的试飞员告诉萨伯公司，操纵杆的使用并不像他们希望的那样舒服，在做完机动飞行或编队飞行后，他们的手臂和手经常感到疲劳。原来的操纵杆的支点低，并不是按照飞行员的手形设计的；新改进的操纵杆是按照飞行员的手形设计的，支点高并调整了手的休息姿势。其他的改进包括一个机械式减弱操纵杆运动的系统。

1993年，对所有这些改进进行了试飞。但是，当生产型飞机39102在斯德哥尔摩的飞行表演中出事时，它使用的仍是老式的操纵杆。

萨伯公司的研究得出的结论是，新的操纵杆、转矩电动机或任何其他系统，阻止不了飞机发生第二起事故，但是新的操纵杆仍被引进到第一批的第八架生产型“鹰狮”（39108）上，后来还对之前的飞机进行了加装。新的操纵杆的移动范围大约是：向前9°，向后13°，向左和向右都是7°。

正好位于飞行员膝盖左侧对面的EP-17显示系统下面的通信控制面板是很重要的，因为它是用来控制数据链和无线电的。该面板是Celsius技术公司所生产的通信系统的一部分，该系统可同时进行语音与数据通信的接收和发送。飞行员用它可以设置和选择无线电模式和频率。

通信控制面板将被南非的Grintek通信系统公司开发的通信控制和显示装置（CCDU）所取代，这是作为对南非采购“鹰狮”的补偿贸易计划的一部分（Grintek通信系统开发公司现在是萨伯公司的联合工作团队的一部分）。通信控制和显示装置主要是为出口市场开发的，但是如果瑞典空军能获得足够的经费支持，该系统也可以装备到瑞典空军的“鹰狮”飞机上。

通信控制和显示装置有一个5英寸(12.7厘米)大小的可活动的液晶矩阵彩色显示屏，是专门为“鹰狮”开发的一个定制产品，以减少飞行员的工作量。为了使它能够与飞机上40多个其他系统进行通信，CCDU将通过5个MIL-STD-1553B数据总线中的一个进行连接。

2001年6月18日，瑞典宣布，由Grintek通信系统公司开发的通信控制和显示装置将装备在瑞典空军的14架双座和70架单座“鹰狮”飞机上，换句话说，就是第二批单座“鹰狮”的最后20架飞机和第三批“鹰狮”飞机的所有64架飞机都将装备该系统。第一套通信控制和显示装置将在一个月后交付，南非空军很有可能将采购该装置。

主模式选择器和状态指示器

该系统将允许飞行员通过触摸一个

上图：从1982年（左）至1985年（右），操纵杆的技术和设计演变。

按钮，就可以把"鹰狮"的构型变成战斗机、攻击机和侦察机模式。实际上，左边的三个触摸式按钮分别被标记为（从上到下）J，A和S，但面板上还配备了其他控件以指定更详细的功能。

1999年，为了改善人机界面，萨伯公司进行了多项研究，包括以下几方面：

- 对飞行员的决策支持。
- 显示的设计和信息分配。
- 听觉环境的设计，包括立体声频显示和直接语音输入（DVI，这是欧洲战斗机的标准功能）。
- 复合状态认知。
- 精神状态的评估方法和生理负担/性能和姿态感知。
- 座舱内的视觉交互和人效研究。
- 在头盔显示器上使用美国Microvision公司的虚拟视网膜显示（VRD）技术。

直接语音输入系统是萨伯公司的一个由瑞典国防装备管理局资助的内部计划。该系统依赖于语音识别；在正常情况下识别起来不太难，但是在压力下，也就是说，承受高过载力，语音改变时，识别起来就很难，而且也容易受到外界环境的干扰。座舱内最大的干扰来自于发动机，但是为了克服其对语音识别的影响，必须过滤掉所有外界的噪声。

更容易发现，该系统使用一个模板（可能是基于软件或硬件）可以识别出某种语音，但是如果要添加一个新的飞行员选择，后者将或者是长期不变的，或者需要更换一个线路可替换单元。基于软件的模板可以下载到飞机上，同时为其提供任务的相关细节。另一种软件的选择可能是，在一项任务开始执行时，每个飞行员把带有他本人模板的个人磁卡插入到该系统中。

用一个语音油门和驾驶杆系统（类似于从开始就安装在欧洲战斗机上的系统）取代油门和驾驶杆手柄还没有明确的时间表。

直接语音输入系统与一个立体语音系统（它可以让飞行员知道声音来自哪个方向或位置，无论是另一名飞行员对他说话，还是雷达预警信号）一起进行了试验。

2002年6月，立体语音系统，一个彩色平板头盔显示器和直接语音输入系统在一架SK60飞机上进行了7个架次的试飞。这些测试被认为是成功的，但是，在这个阶段，没有进一步的飞行试验计划，并且这些系统集成到飞机上的时间表也尚未公布。萨伯公司开发的直接语音输入系统并不仅仅是基于特定飞行员的软件。

飞行作战服

如前所述，飞行员抗过载的生理极限是9*g*，这种抗过载极限的能力主要通过瑞典开发的飞行作战服来实现。专门为“鹰狮”飞行员开发一个飞行作战服始于1985年，对该作战服的设计进行了优化以保护飞行员避免其受到高过载力、火的高温（座舱中和弹射期间）和水的伤害。后者尤为重要，因为瑞典有一个很长的海岸线和许多湖泊，在水的温度低于12℃的情况下，飞行员需要特殊保护。

另一种有助防止飞行员在承受高过载力期间进入黑视的座舱系统是呼吸调节器。FFV航空技术公司（FFV Aerotech）的FFV116头盔有一个连接到呼吸调节器的氧气面罩，该调节器能让飞行员在承受高过载力的情况下继续呼吸。新的飞行作战服在1994年和1997年期间在SK60、“龙”式飞机、“雷”式飞机、“鹰狮”飞机和F-16飞机上进行了试飞。使用F-16进行试验是因为它的持续转弯率比“鹰狮”飞机好，这意味着，可以更好地监测飞行员的反应。“鹰狮”的瞬时转弯率比F-16好——这很重要，因为近距离空中交战的时间已经证明是非常短的，因此这种性能可以使“鹰狮”飞机首先获得瞄准和射击的机会。

当F7联队的“鹰狮”飞行员在进行训练时，他们发现了一个问题，在他们经历高过载期间，他们的左上臂感到剧烈疼痛，这可能会影响他们执行任务。这种疼痛在离心机试验期间和飞老式飞机时也经历过，但从来没有这样严重，这会影响到飞行员执行飞行架次的能力。这种疼痛的原因还不明确，但是有人认为，这是由于血管肿胀导致血液集结在上臂的结果。

F7联队立即进行研究，并找到一个方案，即用两个没有弹性的绷带固定住带有弹性的臂盖的方式解决了该问题。在其里面有一个放在上臂血管上的压缩垫。

下图：人机界面应当非常友好，这样在近距离空战期间，飞行员才可以连续观察其座舱周围的情况。飞行员的视野必须尽可能开阔；理想的360° 。就像这幅照片展示的那样，飞行员可以非常好地观察在他周围正在发生的事情。

机载计算机

“鹰狮”的机载计算机系统选择了爱立信公司开发的D80机载计算机，试图把该计算机系统开发成一个包含飞机上大多数系统的一个通用计算机系统。没有专项经费支持该系统的开发，因为民用市场或私营部门的计算机研发如此之快，已经被推到了极限，因此从一年比一年少的瑞典军事预算中直接拨付经费支持该项研究将是一种浪费。但是，他们发现D80的内存和计算能力不足以满足未来的需要，因此需要研制一种能力更强的计算机系统，这被称为D80E。D80E的处理能力达到了三个因素中的一个因素的能力时，D80系统使用到“鹰狮”飞机尚未足以形成初始作战能力时，D80E的处理能力得到了增加，但是D80E没有达到减少其尺寸和重

量的目的。

在1993年的前两个月，爱立信公司交付了第一个用于D80E的计算机模块。用于显示和雷达系统的模块被交付用于验证，随后在春季，从爱立信公司接受了一台完整的D80E进行测试。

在机载计算机系统交货时，D80E在“鹰狮”飞机上的首飞计划于1993年底进行；D80E计算机系统在1994年8月进入生产。“鹰狮”39108是第一架接收D80E的生产型飞机，但那些已经交付的飞机不久就用这种新设备进行了改装。

此后不久，爱立信公司启动了一项与升级的“鹰狮”飞机完全不同的系统研究，并大大增加了它的能力。新的系统被称为模块化机载计算机系统（MACS），并首次展示于1998年国际航空航天展上，在航展上，它被看作 “鹰狮”未来的升级计划之一 ，并将引进到第二批“鹰狮”飞机的最后几架飞机上。

像每一个D80和D80E一样，爱立信公司的模块化机载计算机系统被安装在3个飞机系统上：雷达、飞行显示和任务计算机。但是，由于该系统的模块化结构，对于每一项业务的应用，其模块在工厂可替换单元（SRU）的使用上都不同，如，处理器、I/O单元和大容量存储单元。根据现有的技术进步，对使用的模块可以进行修改或更换，甚至改进。模块化机载计算机系统不仅带来能力的提高，而且也减少了航空电子系统的辐射影响。

模块化机载计算机系统的处理能力10倍于D80E。它也被称为D96，其未经处理的大小是11.8英寸×7.9英寸×21.7英寸（30厘米×20厘米×55厘米），重量为44.3磅（13.5千克）。盒子上涂着红白相间的条纹，以使其更容易在坠机现场被发现。

从设计开始，模块化机载计算机系统就试图实现较高的实时性能，较高的可靠性和较低的重量、体积和功耗。据爱立信微波系统公司（Ericsson Microwave）说，该系统被安装在生产型“鹰狮”（39193）飞机上，首次参加了2001年巴黎航展。但是，该系统只安装在任务计算机上——从39227起，模块化机载计算机系统才开始安装在雷达和显示系统上。

显示系统

当IG-JAS合作团队最初向瑞典空军提出他们对JAS 39的发展建议时，SRA公司就打算负责显示系统的研制，该显示系统包括俯视显示器、平视显示器、显示处理器和记录器。这家公司由爱立信微波系统公司部分参股，不久，就被爱立信公司完全收购。实际上，1983年1月1日在马可尼公司出售了其29%的股份后，SRA公司就成为了爱立信公司的全资子公司。

在显示系统升级期间，萨伯公司和爱立信公司于1997年1月成立了一家合资公司，每家各占50%的股份。这家合资公司被命名为爱立信-萨伯航空电子公司，虽然表面上是在同一个组织中，但是它主要负责显示和一些其他系统。2001年5月7日，萨伯公司用2.25亿瑞典克朗收购了爱立信公司在合资公司中的股份。

显示系统基本上是“鹰狮”飞行员接收其飞机信息的唯一方法。这种信息怎么表达是一个关键的功能；飞行员应该只得到他当时想获得的重要信息。

下图：从左到右：飞行数据显示器；多传感器显示器；水平姿态显示器。

为“鹰狮”开发的显示系统是EP-17，它采用了分成两组的4台显示器——1台平视显示器和3台数字式俯视显示器；4台用于备份的模拟式俯视显示器不被认为是EP-17的一部分。

平视显示器

“鹰狮”成为首架将配备多层衍射光学平视显示器的飞机，该显示器由休斯公司和爱立信公司共同开发。但是，平视显示器的生产很早就由Kaiser电子公司接管，该公司如期于1994年6月交付了第一台样机。像俯视显示器一样，平视显示器与显示处理器和一台录像机连接。它可以为飞行员提供飞行信息、导航信息、起飞与着陆信息，瞄准和武器发射信息——包括了飞行员在飞行和作战时可能需要的所有信息。

从1987年2月起，该平视显示器在“雷”式37-51飞机上进行了试飞，差

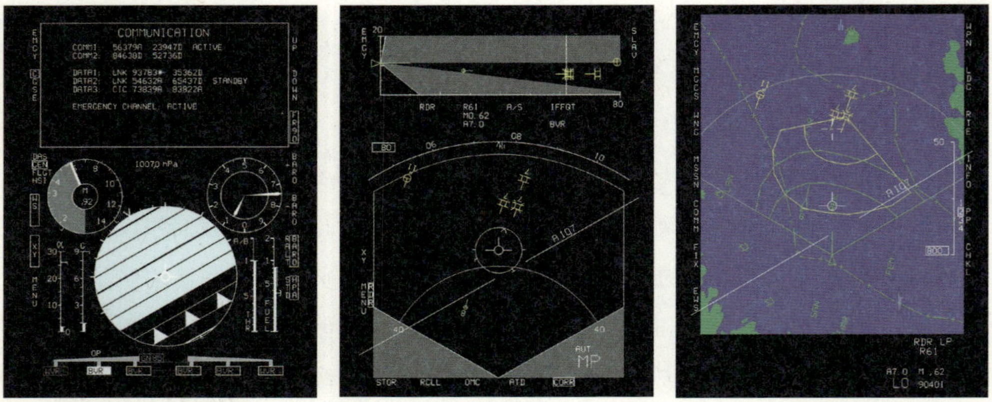

不多在第一架“鹰狮”飞机首飞的两年前（9个月后，这架“雷”式飞机安装了JAS 39的机载雷达系统）完成了试飞。该平视显示器在“鹰狮”飞机上的首次试飞是在“鹰狮”原型机39-4上进行的——头两架“鹰狮”原型机没有安装EP-17数字式显示系统，因此，也没有该平视显示器。按照“鹰狮”试飞员的说法，该平视显示器有一个负面的作用——在阳光直射时，它反射绿光，这意味着，敌方可以很容易注意到“鹰狮”飞机。

头盔瞄准器（HMS）或头盔显示器（HMD）的发展将会使该平视显示器过时——在它的安装位置，将使用一个更简单和规模更小的平视显示器以充当飞机上BK27航炮的瞄准装置，并提供精确的着陆信息。

一台平视显示器摄像机被安放在组合器（一个玻璃观察仪，所有的信息都可以投射到其上）的前面。这个相机，FD5040，是与费伦蒂防御系统公司（Ferranti Defence Systems）合作为“鹰狮”飞机开发的，是在FD5000单色视频摄像机上发展而来的。它具有自动光圈和一个可交换镜头。Kaiser电子公司已经开发了一台新的摄像机。

3台俯视显示器系统每一台都是多功能显示器，并且可以互换，这意味着它们的维护很容易且维护费用更低；如果一台显示器出现故障，可以用另外2台显示器来代替故障显示器显示数据。它们都是单色阴极射线管显示器，也就是说，只有绿色（相比而言，IAI公司的“幼狮”选择了由埃尔比特公司（Elbit）提供的一个单色和两个彩色显示器）显示。

虽然“幼狮”和“鹰狮”是在同一时间开发的，但是“幼狮”系统集成了先进的彩色显示器。其原因之一是“鹰狮”座舱系统的设计者更关心系统的冗余度和成本，但是主要原因是，他们根本就没有履行规定的要求。当时，彩色显示器仍被当做一种新奇的事物，而且在20世纪80年代期间，彩色显示器在可见性（亮度）和图像质量（分辨率）上还存在欠缺。

“鹰狮”的三台数字式俯视显示器安装方式如下：

左边：飞行数据显示器（FDD）H120毫米×W150毫米
中间：水平姿态显示器（HSD）H150毫米×W120毫米
右边：多传感器显示器（MSD）H120毫米×W150毫米

FDD给飞行员提供驾驶飞机所必需的所有信息，例如，飞行速度、飞行高度、燃油状况、发动机转速和发动机温度等。HSD可以在飞行航向上为飞行员提供数字地图信息；换句话说，就是当飞机进行转弯时，数字地图也会跟随着飞机一块改变方向。MSD显示来自于机载雷达的信息，因此其显示的内容依赖于机载雷达或其他跟踪设备（红外搜索与跟踪系统）使用的模式。

来自于不同部分传感器采集的信息——机载雷达系统、HUD相机、导弹/前视红外探测系统、战术情报数据链系统（TIDLS）、电视/红外导弹的图像，以及后来的IRST等，在把它们提供给飞行员之前，必须进行数据处理。因此，EP-17系统装备了一个显示处理器，在其中还存储了一个由客户（在瑞典由空军提供）安装的地图，已给出重要目标（物体）的细节，等等。显示处理器的工作是把这种信息加工成在数字地图上可以正确理解的符号（EP-17系统有用于各种显示的统一符号）。处理器不仅给显示器输送数据，而且也给视频记录器和战术情报数据链系统（该系统也可以将该信息发送给其他飞机，省去了它们使用自身的传感器来采集数据的过程）输送数据。

视频记录器可以用来评估任务，并可用于飞行训练，因为它能完整地记录空中交通管制员（ATC）与飞行员的座舱交流过程；它使用的录像带与普通公众在摄像机和视频记录器上使用的录像带完全一样，在每次执行完任务后就可以由一名技术人员取下录像带用于任务评估。

在早期的生产型"鹰狮"飞机上，最初一代的模拟录像机放在飞行员座椅的后面；它后来被一个称为DiRECT的新的数字式记录器取代，该记录器能记录所有信息采集设备采集的信息，也包括所有通过数据链系统下载的数据。

由于战术情报数据链系统的作用，在全任务模拟器或者多任务模拟器上操作的任何人都可以参加演习——虽然他们离演习的地方可能很远，但是飞行员所看到的事情他们也能看到，这使得地面训练很逼真，对于受训者和演习后的评估更有价值。在评估期间，飞行员学会了如何使用Celsius航空公司为"鹰狮"开发的独特的任务评估系统作出战术决策。

EP-17有6个线路可替换单元（LRU）、3个俯视显示器、1个平视显示器，以及2个数据显示处理器。在1992年9月完成了夜间和白天的试验，但随后的试验主要是基于如何减轻飞行员的工作负担，到1998年，EP-17系统已经确定了几个需要升级的方面。其中第一个升级是，用一个单独的PP12处理器更换了原来的两个数据处理器——PP1和PP2。

基于提高处理能力、性能和减少尺寸与成本的目的，于1992年开始研发PP12处理器。1994年底，瑞典国防装备管理局订购了一些PP12处理器用于在地面试验台和试验机上对其进行评估。处理器的研发进展很快，到1995年6月巴黎航展上就宣布，PP12处理器已经做好了进行飞行试验的准备，正在等待开飞的批准。

1995年8月的最后一周，PP12处理器在一架“鹰狮”原型机上进行了首次试飞。它仍旧有两个处理器，每一个都能执行PP1和PP2的功能；这种重复提高了新的PP12系统的冗余度，确保飞行安全。最大的不同是在重量和体积上：PP1和PP2的重量是90磅（40.8千克），体积是1.5立方英尺（42.6升）；PP12分别是52磅（23.5千克）和0.86立方英尺（24.3升）——相当的节约，这也使必需的线路可替换单元的数量减少。

PP12可以与多彩色显示器结合使用，这有利于未来显示系统的发展。新的处理器装备在第二批“鹰狮”飞机上，首架使用该处理器的飞机是39131，该机用该处理器在1996年8月20日进行了首次飞行。1996年5月，瑞典国防装备管理局授予爱立信微波系统公司一份合同，该合同的内容是用新的数据处理器

上图：“鹰狮”飞机座舱中的EP-17 Mk.1显示系统；注意数字式显示器上面的模拟式显示。模拟式显示并不是EP-17系统的组成部分。

下图：在飞机的寿命期内，“鹰狮”飞机的座舱内饰和显示系统已进行了多次升级。仅仅在首架“鹰狮”交付9年后，就引进了最新的显示器尺寸。

上图：起初，在较缓和的升级计划中，EP-17 Mk.3的彩色显示器与原先的显示器在尺寸上相同。

下图：EP-17 Mk.3 显示系统在“鹰狮”飞机座舱中的布局。

更新第一批“鹰狮”飞机，从而使这些飞机上的显示系统升级到Mk.2标准。

“鹰狮”飞机上原来的3个多功能显示（MFD）系统每个都有一个5英寸×6英寸(12.7厘米×15.2厘米)的单色显示屏，但是最终都被6英寸×8英寸(15.2厘米×20.3厘米)多功能彩色显示屏代替。事实上，更换较大的显示屏意味着，必须把4个模拟式备份显示器拆掉以腾出空间。这些改进标志着EP-17系统从Mk.2标准升级到了Mk.3标准，当1997年6月签署了用于第三批“鹰狮”飞机的订单时，标志着Mk.3标准的彩色显示器发展阶段的开始。

由于以往的研究，大家已经知道，彩色显示器将会改进人机界面，萨伯公司与FOA合作，一直在研究可能会影响彩色显示效果的因素。对单色（一种颜色）和多彩色显示之间的不同与飞行员在过载作用下对视力的影响进行了测试。使用的显示颜色必须能被处于高过载情况下的飞行员识别出来。

萨伯公司原计划用同样大小的彩色显示器替换现有的显示器，爱立信-萨伯航空电子公司因此用相同大小的彩色显示器生产了EP-17的显示系统。但是，“鹰狮”试飞员在他们的评价中指出，该显示系统显示的画面太拥挤，应该使用更大的显示画面，所以总的俯视显示器的空间增加了90%左右。新的多功能集成显示规格是：

- 有效显示面积为6.2英寸×8.3英寸（158毫米×211毫米）。
- 外形尺寸：宽7.4英寸（188毫米），高9.5英寸（242毫米），长15.7英寸（398毫米）。
- 重量为22～29磅（10～13千克），根据配置而不同。
- 分辨率600×800像素。

该显示器由航空电子显示器公司（Avionics Display Corporation）研发，该公司于2000年被L-3通信公司（L-3 Communications）收购。该显示器已不再是阴极射线管显示器，而是有源矩阵液晶显示器（AMLCD）。阴极射线管显示器的平均故障间隔时间（MTBF）比有源矩阵液晶显示器的短——阴极射线管显示器的行业平均故障间隔时间平均为200～1000小时，而液晶显示器超过了5000小时，L-3通信公司表示，Actiview104P显示器（P=portrait mode）在这方面的数值达到了令人吃惊的7000小时。

该显示器配备了光线传感器以便可以通过计算机对显示器的亮度做出调整，从而防止飞行员为了看清显示内容（尤其在阳光直射的情况下）或为了用一个按钮来调整亮度或在飞行过程中切换时必须死盯着显示器。

应急电源

电子生成的紧急显示（EGNP）是一种集成到显示器上的备用系统。三个显示系统在同一时间内同时发生故障的

右图：计划安装在从39227算起的生产型“鹰狮”飞机上的EP-17 Mk.4显示系统，该系统还计划加装到从39227算起往前推到包括39207为止的“鹰狮”飞机上。注意，在中间显示屏上面的罩布从Mk.1到Mk.4一直都在那个位置。

可能性非常小，但是即使在这种情况下，飞行员仍然能够获得对他来说所有的重要数据，因为内置的微型处理器将为他提供足够的基本飞行信息以便让他驾驶“鹰狮”飞机飞行并安全着陆。新的EP-17显示系统的另一个特点是，它们与夜视镜（NVG）兼容，从而使“鹰狮”飞机真正成为一架24小时战斗机。

EP-17 Mk.3显示系统被引进到第二批“鹰狮”飞机的最后20架上。1999年2月12日，爱立信-萨伯公司交付了首台“鹰狮”飞机的EP-17彩色显示系统，包括Mk.3处理器，用于在各种测试平台、模拟器和一架“雷”式飞机上测试。

1999年3月9日，用“雷”式飞机对这种显示系统进行首次试飞。在这架“雷”式飞机上，该显示系统被用作战术指示器，用来显示战术信息在移动地图上的叠加。在“雷”式飞机将要退役（在2004年）前相对较短的时间内进行如此昂贵的更新，唯一可能的原因是在“雷”式飞机报废前，可以将该显示系统拆除下来在一架“鹰狮”飞机上回收使用。

2001年5月，用一些备用的阴极射线管显示屏在“鹰狮”飞机上对该新型显示系统中的另外两个分系统进行了首次试验，该项试飞工作由萨伯公司试飞员弗雷德里克·麦格瑞（Frederik Muchler）完成。试验计划的最重要部分是对备份系统的验证。

大气数据计算机和人工合成的姿态和航向参考系统（SAHR）是与新型显示系统在“鹰狮”39-5上同时进行试验的另外两个系统。考虑到试验计划的高风险性，在试飞期间，用另一架“鹰狮”飞机作为伴飞飞机。

在39-5飞机上完成试验计划后，该显示系统还将在JAS 39B原型机上结合通用航空电子（GECU）系统进行约20个试飞架次的试验。在新型显示系统成功完成这些试验计划后，于2001年11月7日与供货商签订了生产合同。

EP-17 Mk.4

软件更改纳入到了EP-17 Mk.4中，包括对计算机、雷达和记录器功能的升级。在第三批“鹰狮”飞机上模拟式视频记录器已经被数字系统代替，但是在EP-17 Mk.4中，数字式记录器系统（DiRECT）取代了视频记录器，而且把信息记录在一个海量存储卡（MMC）上。MMC没有任何可活动部件，这使得它更加坚固并且对维护敏感性更低。所有的信息（视频、声频、红外和光电）都是同步记录，因此可以很好地进行同步重放。

从飞机上取出MMC后，可以把它插进一个地面回放工作站（一台用MMC适配器取代了CD-ROM的个人计算机）或者任务评估系统中，这就很容易对任何一个任务作出评估。

甚至在飞行员从飞机上被弹射后，DiRECT系统还可以通过战术情报数据链系统把它记录的数据传递出去，但是并没有用DiRECT系统取代“黑匣子”飞行数据记录器的计划。因为无论如何，DiRECT系统既不能抗坠毁，也没有装备水下定位指示仪，该指示仪可以在飞机失事后被激活并发射信号。

EP-17 Mk.4也是出口型“鹰狮”的标准装备，并将与出口市场要求的头盔瞄准器（HMS）或头盔显示器（HMD）集成（或者至少连接）；但是，瑞典空军认为，头盔显示器系统的唯一用途是与具有离轴发射功能的导弹结合使用。

就目前情况来看，用于瑞典空军第三批“鹰狮”飞机和出口市场的EP-17 Mk.4系统并不是改进的最终阶段。进一步的改进将是该装置能力的增加和由一个单独的大显示屏代替3个主显示屏。这项技术目前正被纳入“鹰狮”飞机的长期发展计划中。

在“鹰狮”39227飞机上引进了DiRECT系统之后，从39207飞机起，所有其他的JAS 39C都用该系统进行了改装。这可能变成了全国事故委员会（SHK）对瑞典国防装备管理局的推荐意见，即用DiRECT系统把装备在较早期（第一批和第二批）“鹰狮”飞机上的视频记录器替换掉。推荐的原因是，在调查1999年9月20日的“鹰狮”39156坠毁事故中遇到的问题，即由于录像带浸泡在水中而使录像带毁坏。海军和海军陆战队已经发现了录像带让他们付出的代价，任何来源的湿度都造成了对录像带的腐蚀。相比而言，由于DiRECT系统被封装了一个金属外壳，这就使它与水、灰尘、雾和其他任何形式的湿度形成了隔离。

头盔瞄准器和显示器

为了减轻飞行员工作负荷所做的最后的重大改进是引进油门和驾驶杆手柄（HOTAS）及玻璃座舱。在作战期间，飞行员既要注意他的操作，还要盯着敌机，但是，只要敌机在他的前方，这样操作起来没有问题。然而，空空格斗的难题是要让敌机处于你自己飞机的前方，然后用导弹或航炮把它锁定。

对于一架最大过载能力9g的战斗机来说，当它遭遇具有超过35g转弯能力的空空导弹时，让它必须做出所有的高难度机动动作以摆脱导弹的攻击是荒谬的。头盔瞄准器的概念将给飞行员发射导弹的能力，即使目标处于导弹导引头的视野之外；在导弹发射后，借助于数据链系统，可以对导弹进行制导直到导弹的导引头捕获目标，或者也可以用武器瞄准计算机在发射前对导弹进行预先设定。

下一阶段是实现真正的想法，如果飞行员有一个可以安装在他的头盔上的瞄准系统（它将可以提示雷达往哪里看），该头盔系统将与平视显示器导航系统和武器系统连接。因此，如果飞行员正在把眼睛转离校靶仪（就是在战斗机飞行员头顶上部的一个平视显示器），平视显示器的信息可以投射到飞行员的面罩上。这种想法并不是一个新概念。首个系统是由F–4“鬼怪”II中队在大规模试验中使用的美国海军的视觉目标采集系统（VTAS）。

面罩上的VTAS装备了一个光学跟踪器和一个感应器，前者测量飞行员的头部位置；后者确保他直视前方。在做高过载机动时该系统遇到了最大的难题，由于该系统给头盔增加了1.1磅（0.5千克）的重量，这在飞机做高过载机动时被放大——在过载达到9*g*时，头盔的有效重量达到9.9磅（4.5千克）。这对于飞行员的脖子来说太重了，因此该系统不适合用于快速、高机动性战斗机。因此，头盔的重量必须要平衡好，否则，在做高过载机动或弹射时，它将用最大重量把飞行员的脖子拉向一边，这可能对飞行员造成严重伤害。

俄罗斯的米格–29和苏–27都装备了一个头盔瞄准系统，以色列在这种装备的研究上具有丰富的经验。以色列的显示和瞄准头盔（DASH）系统，由埃尔比特公司开发，至少从1986年开始就在军队服役，而且从那时起，不断进行升

左图：照片展示了飞行员弗雷德里克·莫哈兰（Frederick Muchler）在每次显示后取出录像带以便评估显示效果。但是从39156飞机取回的录像带被发现因为受到海水腐蚀而不能使用。

级和改进。实际上，现在为第四代战斗机开发的系统被形容成头盔显示系统可能更准确。不管它的名字是什么，很明显，这种技术是飞机的一把利刃，使它获得了决定性的优势。

头盔瞄准器ODEN

FFV航空技术公司，IG-JAS合作团队的会员单位，后来变成Celsius航空技术公司，专门为“鹰狮”飞机开发了一个头盔瞄准系统——头盔瞄准器ODEN，并计划把这种装备集成到第二批和第三批“鹰狮”飞机上，但是这要依赖于开发阶段的成功，并要有足够的资金支持。

头盔瞄准器ODEN的技术指标

使用范围	
偏航	± 180°
俯仰	±90°
滚转	± 180°
头部运动区域	
X（前-后）	± 406毫米
Y（左-右）	± 254毫米
Z（上-下）	± 152毫米
分辨率	
角	1.75毫弧度, 0.1°
平移	2.54毫米
精度	平视显示器区域：2毫弧度
	其他：4 ~ 10毫弧度
电源	AC 115伏, 0.7安, 400赫
	DC 28伏, 0.1安.
面罩透过率	83% (蓝-绿光)
面罩反射率	83% (红光)
重量	1350克
视场	6°
出射光瞳	18毫米
系统精度	小于1°

FFV航空技术公司对最初的头盔116系统（该头盔系统曾作为瑞典空军的标准装备进行生产）进行了更新。新型的带头盔瞄准器ODEN的头盔用方位传感器能更快速地锁定正确的方位，然后用正常的搜索程序，它带有平视显示器的功能，将定位目标。FFV航空技术公司根据自己的试验结果断定，一个头盔瞄准器在攻击一个目标时将节约几秒钟时间，而且也有人指出，它具有在很短的时间内锁定多个目标的可能性。

当头盔瞄准器ODEN与一个装备有离轴发射能力的高机动性的短程空空导弹配合使用时，它的效果最好，这也是为什么说IRIS-T导弹（或者任何其他第四代战斗机的短程空空导弹）很重要的原因。头盔瞄准器ODEN的搜索距离依赖于天气状况以及与其连接的搜索系统——或者是雷达、IR-OTIS、前视红外探测系统，以及其他的摄像系统，或者导弹。

除了计划从第三批“鹰狮”开始装备头盔瞄准器外，还考虑用该系统对老式“鹰狮”飞机进行改造，当然这仍然受制于资金的支持程度。虽然，按照瑞典国防装备管理局的试飞员比约恩·约翰松的说法，瑞典国防装备管理局从1992年起对头盔瞄准器ODEN进行过一些飞行试验，但是，瑞典空军宁愿等待，直到一个完整的头盔显示器出现。头盔瞄准器ODEN是一个基于LED的系统，其显示用了4个箭头；目标方向的箭头会亮起来，提示飞行员注意。

1997年5月22日，萨伯公司和爱立信-萨伯航空电子公司与总部位于西雅图的Microvision公司签订了一个开发下一代高分辨率头盔的协议。Microvision公司是一家曾经成功开发过虚拟视网膜显示TM（VRD）的公司，签订协议的原因是想看一下能否用这项技术成功开发一个头盔显示器，并对VRD技术在军用航空环境中的安全性和耐久性进行测试。

爱立信-萨伯航空电子公司成为协议的合作方是因为公司在座舱显示技术方面的经验。Microvision公司将开发并提供一些高分辨率的头盔显示器技术验证样机，然后将在先进的飞机模拟器上对这些验证样机进行试验和使用。试验结果是如此的好以至于三个合作伙伴一致同意努力将头盔显示器的分辨率提高到电视品质。

Microvision公司收到首台单色原型机是在1997年10月21日，而第二台原型机，全彩色高分辨率的系统，于1998年8月10日抵达萨伯公司和爱立信-萨伯航空电子公司的飞行模拟器上进行评估。第二台原型机使用了Microvision公司的VRD专利技术，试图为战斗机飞行员实现前所未有的高保真图像。

研制这种系统比研制头盔瞄准器ODEN的成功机会更大，因为，作为一种头盔显示器，它将可以提供平视显示器（我们已经知道这已经过时了）的功能。如果试验结果证明是成功的，这些合作公司同意为这项技术寻求其他商业用途，并一起在市场上推广。

在此期间，1998年3月17日，Microvision公司和萨伯公司宣布，他们将加快对该系统在军用环境中的安全性和耐久性的研究和测试——如果该系统是可行的，那么下一步将把该系统集成到战斗机上。

VRD技术利用人类的视觉系统，并借助于激光技术，通过瞳孔和眼睛的视网膜反射信息。飞行员看到了虚拟现实信息，即他需要一个“身临其境”的感觉，同时也可以无限制地观察他面前的东西。VRD由四个子系统组成——电子驱动系统、光源系统、扫描系统和光学系统。电子驱动系统基本上包括系统处理器和来自于计算机、视频或摄像头信息的采集系统。可以使用的颜色数量几乎是无限的。

VRD使用了一个功率非常低的光源来创建和传递一个像素，在其穿过瞳孔到达视网膜的同时。彩色图像需要3个光源（红，绿和蓝色），它们分别被加强，然后合并给出正确的颜色显示——这些光源没有对飞行员的眼睛造成伤害的风险。在原型样机上，红色和绿色的光源相当小，但蓝色光源太大以致无法处理。

通过扫描系统使用一种栅格模式来控制视网膜上的光源，以塑造正确的影像；扫描系统速度必须很快以保证人眼能及时地看到完整的图像或叠加的信息。

头盔的面罩将内置有折射和反射光学部件以快速地把扫描光速通过瞳孔投射到飞行员眼睛的视网膜上。光学系统用于创建一个大型的虚拟叠加影像。

这种头盔显示器的最大优势是，不需要任何老式的平板显示器——既不用CRT也不用LCD，这两种显示器在外界光线的干扰下（通常是阳光直射）可能无法看清显示内容，而且它们的成本大大高于VRD技术。总之，所有效率低的部件以及成本太高的部件都被淘汰。但是由于VRD装置仍旧太笨重，所以飞行员头盔上的额外重量问题尚未解决，到目前为止，该系统也只是在林彻平市的“鹰狮”模拟器上进行了试验。

把VRD技术引入到“鹰狮”飞机上或任何其他的战斗机将还需要一些时间的传言在2000年国际航空航天展上得到证实，但是，像其他大多数系统一样，在适当的时候这种技术将被小型化；小型化需要多长时间将影响到将其引进到“鹰狮”飞机上的时间表。琼森将军表示，头盔显示器系统将更多地用于他们自己的新一代具有离轴发射能力的导弹上，例如IRIS-T。

琼森将军的意见反映了瑞典空军的态度。但是，瑞典国防装备管理局正在审查已经获得的系统，他们更喜欢的类型似乎是由皮尔金顿光电公司（Pilkington Optronics）与南非的Cumulus公司（这是丹尼尔公司（Denel）的一个业务部门）合作开发的一个单眼系统。1998年秋季，瑞典国防装备管理局授予皮尔金顿光电公司一份生产两个“卫士”单眼头盔显示器系统的合同，其中的第一台由皮尔金顿光电公司在1999年6月交付给瑞典国防装备管理局的测试局。

Cumulus公司在生产头盔上有很多经验，生产“卫士”是为了用于固定翼类型的飞机，像南非空军的阿特拉斯

“猎豹”和后来的“鹰狮”飞机等。Cumulus公司在1995年与皮尔金顿光电公司展开合作（仍有疑问的是，这种选择是否受到对南非实行补偿贸易的影响，因为大约在同一时间宣布了南非采购“鹰狮”的部分销售出价）。

头盔显示器包括一个带有一体化彩色摄像机单眼系统的头盔，一个电子显示单元和一个光学头部跟踪器。在引导和跟踪符号使用等方面的试验结果是令人满意的；实际上，唯一的问题是头盔内部对飞行员的舒适程度——这是至关重要的，因为头盔要准确地跟随飞行员头部的每一个运动。头盔显示器和IRIS-T导弹一起在“鹰狮”39104上进行了配合试验，结果再次令人振奋。

2001年2月7日，由于准备把该系统集成到南非空军的“鹰狮”飞机上，萨伯公司首次测试了皮尔金顿光电公司的头盔显示器。瑞典国防装备管理局已经在模拟器上和空中对该系统进行了测试，但是瑞典空军仍旧没有做出最终的选择，他们使用“卫士”头盔显示器进行研究以获得更多的经验，并节省研究经费的支出。

2001年底，Cumulus公司决定停止与皮尔金顿光电公司的合作，开始寻找新的合作伙伴——它找到的合作伙伴是萨伯航空电子公司。

“打击者”（Striker）头盔显示器

2003年6月17日，在巴黎航展上，BAE系统公司（BAE Systems）和萨伯公司宣布，他们已经签署了一项协议，决定在英国宇航系统公司为欧洲“台风”战斗机开发的“打击者”头盔显示器的基础上共同开发一个新型的综合化头盔显示器（IHMD）。

在“打击者”头盔显示器的每一边都有两个图像增强显像管CCD相机，以提供一体化的夜视镜功能。该系统运行在点击的基础上，因此如果不需要夜视镜功能（例如，当一项任务是在夜间开始持续到白天时），飞行员可以拆掉相机，这样就减轻了头盔显示器的重量。

“打击者”提供了完整的双目重叠，让飞行员的每一只眼睛都可以看到同样的40°视场。头盔显示器的显示是一种栅格卡利图，这意味着，该系统可以在飞行员的夜视镜影像上叠加使用符号。如果飞行员低头看座舱中的俯视显示器时，“打击者”就自动关闭。如果飞行员启动弹射命令，相机会自动分离。

在被命名为“眼镜蛇”的新型IHMD上将保留Cumulus公司的优异的跟踪装置，该装置先前曾与皮尔金顿光电公司

右图：萨伯公司试飞员戴的VRD头盔；很明显，它太大了而且仍处于原型样式。

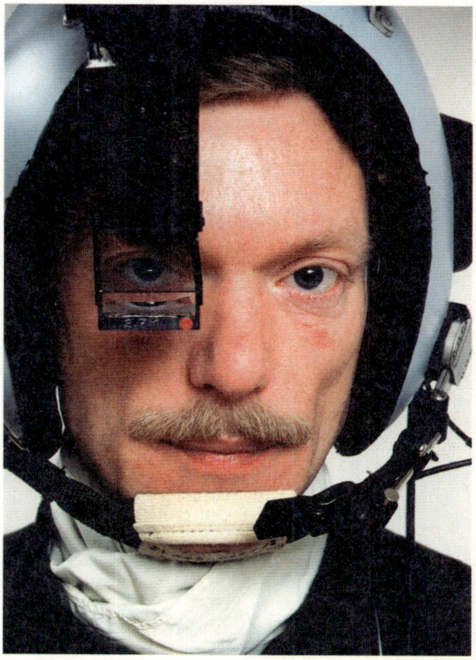

的头盔显示器一起进行了测试。与“打击者”的另一个不同是“眼镜蛇”的尺寸更小，因为“鹰狮”和其座舱的尺寸都较小。与“打击者”一样，“眼镜蛇”在整个作战飞行包线上将可以提供昼夜、全天候、全高度作战能力。

南非是第一个订购“眼镜蛇”IHMD的国家；瑞典正在对该系统进行评估，计划在2003年作出是否采购该系统的决定。

战术情报数据链系统

战术情报数据链系统对于瑞典空军来说不是新鲜事物，他们在J35“龙”式

下图：在1999年期间，在位于林彻平的萨伯公司的试验设施中的“鹰狮”模拟器上正在对VRD进行测试。

飞机上已经使用了数据链系统。从那时起已经对该装备进行了升级和改进，瑞典军队的许多作战能力都是围绕它建起来的。对于出口国来说，这意味着，只有他们更新他们的系统，使它们能够通过数据链系统进行通信，“鹰狮”才能完全发挥作用。

“鹰狮”的战术情报数据链系统是在这个意义上的第三代系统，“龙”式飞机克服了雷达和其他形式的干扰问题，是首个引入数据链系统的第二代机型。数据链只是使用了从地面指挥到飞行员的单程通信， 但是这足以把飞行员引导到目标点或拦截点附近。在两架飞机之间的数据链接的可能性是在“雷”式飞机上实现的。

战术情报数据链系统是瑞典人的首创，这是很令人惊喜的，因为其他国家很少注意它或试图为自己国家制定这样一个系统。数据链系统开始是在F-16MLU飞机上引进的，用户很快就喜欢上了其提供给他们的前所未有的能力，但是直到该系统引进到“鹰狮”飞机上，它才作为未来系统得到国际公认。

在“鹰狮”飞机上，来自多达8架其他飞机的数据通过预先设定的无线电频道可以进行传输，而且不用飞行员提供更多的控制信息，就可以显示在其中一个座舱中的多功能显示器上。能在这个频道上传输数据的飞机数量是有限的，但是能接收这些信息的飞机数量是无限的。

信息提供者可以是萨伯100B AEW＆C飞机，可以是地面站，或者是另一架“鹰狮”飞机上的侦察系统。战术情报数据链系统为飞行员提供了所有需要的重要战术情报，并可以让他成为战术决策者或战场指挥官。和平时期，该系统的一个次要作用是可以向地面的全任务模拟器传输信息，因此给“鹰狮”飞机的飞行学员提供了一个一流的、高逼真的训练设施。

数据链系统也可以用于其他的作战要求，例如，如果飞机上内置的测试设备（BITE）知道一个需要部分更换的设备故障，那么该系统就可以把这个信息传输给地面上的技术人员。

计划从第二批“鹰狮”飞机的最后20架飞机起，通过引进通信和数据链系统39（CDL 39）来改进战术情报数据链系统的能力。该系统与罗克韦尔·柯林斯公司开发的RA90无线电终端机相连接，以使“鹰狮”飞机能与北约的飞机和任何其他国家的空军进行通信。

该装备被订购用于瑞典空军的“鹰狮”飞机，但是出口型飞机将装备来自于南非Grintek公司的相似设备，该公司已经开发生产了一个声频管理系统和一个通信控制显示装置。这两个系统都与北约的MLU F-16飞机上使用的数据链系统16相兼容，从而进一步扩大了已经巨大的数据链能力，并使其兼容于北约标准。这种通信控制显示装置也已经被订购以用于瑞典空军的飞机。

“鹰狮”飞机的优势

新技术，例如战术情报数据链系统和其他的信息提供手段，给每个“鹰狮”飞行员提供了优越的态势感知能力，并为战斗指挥官提供了卓越的战场意识。未来，计划把现在的窄带数据链系统变成宽带数据链系统，这将使其更能够从战场上的所有可用来源接收和发送信息。这将成为一个基于互联网的以网络为中心的国防理念的一部分。类似的东西美国正在开发；即所谓的合作参与能力（Co-operative Engagement Capability），这是在吸取过去在海湾战争和南斯拉夫冲突期间（在这两次冲突期间，重要数据的传输常常过于缓慢）所学习到的教训，产生的想法。

FV2000

2000年11月9日，“鹰狮”飞机首次在塞特纳斯（Satenas）的F7联队向北约官员做了演习，同时，FV2000（空军2000）系统也做了展示。演习任务由两架单座“鹰狮”39142和39181飞机执行，起飞时携带了模拟武器载荷。每架都“装备”了两枚“响尾蛇”导弹和两枚AMRAAM导弹；长机还挂载了一枚RBS 15F反舰导弹和一个DWS39防区外子母小炸弹散布器武器，数码为2的飞机有两个DWS39弹药分离器。

“鹰狮”截获了一艘离开瑞典西海岸的舰船，然后立即转移到维纳恩（Vanern）湖上空执行拦截任务。之后，它们展示了在瑞典道路疏散基地上携带3个保留DWS39散布器执行模拟攻击的能力，然后返回，以演示飞机快速的回程飞行准备时间。这两架“鹰狮”被重新加油和重新武装了（这次不是模拟）防御性和进攻性武器，在着陆20分钟后，由两个不同的飞行员驾驶这两架飞机起飞了。

演习步骤可以在地面上跟随观察，因为停在演习机库外面的第三架“鹰狮”飞机将其收到的信息投影到了机库中1米（3.2英尺）高的屏幕上，这就使每一位官员都有机会观察飞行员看到的东西。所有来自这两架“鹰狮”飞机的信息通过安全的数据链被下载到第三架飞机上。一架萨伯100B AEW飞机也参加了演习，同时将信息传输到机库。其中最令人印象深刻的是在整个演习期间，飞行员之间没有语音通信；不管它是不是必要。

新的网络防御系统将在瑞典的一个岛屿上用传感器和与它相链接的信息提供者进行测试，新的系统或信息提供者应很容易地集成到该系统中，从而使它很容易适应任何空军。由于网络防御系统是基于互联网的，因此与联盟伙伴实现共享不会很难。小国也可以独立使用它，而不必要大量投资于新型系统上。

上图：这名瑞典空军试飞员头戴皮尔金顿光电公司/Cumulus公司的头盔显示器，是要与翼尖上的IRIS-T SRAAM导弹配合使用的。

着陆系统

由于瑞典空军需要他们的飞机能实施自主作战（即，不用外界帮助），因此萨伯AB公司和萨伯动力公司为"鹰狮"开发了一个能实施自动着陆的新系统。该系统（用于"雷"式飞机）可以与美国海军航母上的舰载机使用的系统相媲美。其原来用于瑞典空军基地的战术仪表着陆系统（TILS）不仅已经过时，且使用成本很高，又因为它很笨重，所以还不容易运到作为替代跑道的简易公路基地上。

新的着陆系统的基础是一个新的导航系统，出于安全原因，尤其当"鹰狮"飞机在简易空军基地起飞着陆时，该导航系统的精度必须高。"鹰狮"从一开始就配备了惯导系统（INS）、雷

左图：萨伯公司试飞员头上戴着由Cumulus公司和皮尔金顿光电公司开发的头盔显示器（HMD）。

达测高仪、大气数据计算机和各种传感器，以提供基本的气压海拔高度和大气温度。这些系统一起为飞行员提供了方位，告诉飞行员他在哪里，因此为飞行员提供了导航能力。

“鹰狮”的接地速度是174英里每小时到186英里每小时（280千米/时到300千米/时），考虑到迎角，在12°迎角时，其接地速度是168英里每小时（270千米/时）；在14°迎角时，其接地速度是146英里每小时（235千米/时）。虽然“鹰狮”有接地后在1148～1312英尺（350～400米）长的距离内停止的能力，但是即使是在2625英尺（800米）长的跑道上着陆，导航系统的精度仍然必须极高。

主要任务是开发一个能代替战术仪表着陆系统的新系统。虽然这个系统在2000年初英国试飞员丹·格里菲思（Dan Griffiths）首次驾驶“鹰狮”飞机时给他留下了深刻的印象，但是使“鹰狮”飞机比以前的机型自主性更高的目标是，使其更符合其设计理念和第四代战斗机的技术要求。

如果一架飞机将要执行一次自主着陆，那么它必须依靠其机载系统和传感器，但由于“鹰狮”是一架小型飞机，因此飞机上没有足够的空间来安装笨重的设备。为此萨伯公司和萨伯动力公司为“鹰狮”开发了两个新系统，这两个系统大量利用了飞机上原来的传感器和飞机上获得的信息资源，从而保证了装备的小型化。

新型综合导航系统（MINS）和新型综合着陆系统（NILS）

这两个新系统被称为新型综合导航系统和新型综合着陆系统。NINS使用“鹰狮”的内置导航套件和高精度复杂数字地形数据库。事实上，数字式数据库意味着它占用最少的空间，并且将来有可能进一步向小型化发展。NILS在很大程度上依赖于NINS系统的精度。

在1998年和1999年期间，NINS在一架SK60飞机上进行了试飞，试飞结果极好地印证了设计理念。NINS也给飞机带来了一些新的东西——地形导航（TERNAV），这种方式把地理信息数字化后引入到数据库中，可以提供地面上的高程和高障碍物（例如，输电塔和教堂等）的数据。该新系统使“鹰狮”几乎可在任何跑道上执行一类盲降（CATI）着陆，这意味着飞行员在进行着陆时，可以看清高度197英尺（60米）以上的区域和3937英尺（1200米）远的距离，在恶劣天气条件下还可以进行自主着陆。

NINS/ NILS设备在第三架"鹰狮"原型机上进行了试飞。一个为军事杂志供稿的捷克作者在2001年春季在一架"鹰狮"上进行了飞行，并认为他使用了NINS/ NILS系统来使该机着陆，提供这一事实是想证明，该系统的操作实际上很容易，即使操作者不是一名飞行员也能做到，例如，他能用该系统实现飞机着陆；但是，该作者实际上使用的是老式着陆设备。NINS/ NILS预期将提供一个超过现有系统的改进，按照来自鹰狮国际公司的约翰·尼尔森（John Neilson）的说法，在2001年11月，该系统首次被安装在一个作战型"鹰狮"飞机上；但是，"鹰狮"试飞员贝恩特·韦默（Berndt Weimer）说，该系统虽然已安装在飞机上，但尚未使用。

下图：这里可以看见NINS/ NILS为飞行员计算的轨迹。浅绿色的区域是安全边界；在区域外面，飞行员可尝试另一种着陆方法。深绿色区域意味着飞行员要排好队以进行一个完美的着陆。边上的插图形象地显示了在着陆期间，飞行员在他的平视显示器上看到景象。

维修性和可靠性

低寿命周期成本（LCC）是"鹰狮"的一个主要特点，为了达到这一低成本目标，采用了两个层次的维护方法：线路维修和工厂维修。飞机上安装了线路可替换单元（LRU）和工厂可替

换单元（SRU）。线路可替换单元最普通，“鹰狮”飞机上大约有250个这样的部件，因此，每一个驻扎战斗机的简易基地或单位都必须持有一些线路可替换单元。由于瑞典空军要在简易的基地执行作战任务，因此要求飞机的维护设备必须能够移动，但是，对于一个很小的单位来说，持有飞机上所有的线路可替换单元是不可能的，因此他们根据这些单元的平均故障间隔时间（MTBF）来决定优先持有哪些线路可替换单元。此外，很多线路可替换单元可做到这一点，即一个线路可替换单元可供飞机上多个系统使用。

即使在一项任务开始前，当用辅助动力装置启动飞机时，安全检查也立即启动。检查结果被显示在座舱中的一块多功能显示器上，首先对25个主要子系统进行测试。如果一个系统故障被报警，飞行员或技术人员可以使用故障定位按钮来追踪问题发生在哪里。当战斗机还在空中时，内置的测试设备（BITE）就精心记录下每个系统的性能和功能，从而减少了“鹰狮”花费在地面上的维护时间并在寿命周期成本上节省了金钱。在着陆后，飞行员可以使用一个多功能显示器来看一下内置的测试设备测试到的需要进行修理的部件。在飞机滑行期间，飞行员就可以通知维修团队什么样的设备出现故障或者需要一个什么样的检查，或需要更换什么部件；甚至更快，在飞机飞行期间，这些信息就可以通过数据链传输给维修团队。在飞行过程中记录的数据可以下载到一个外部存储器上，然后清空“鹰狮”机载计算机上的相关信息，并把这些数据传输到一个任务评估计算机上。分析结果还可以形成告警信息，或者用来就某些问题或条件的处置对维修技师进行培训。

每一个瑞典空军联队都将装备一个维护数据记录系统，该系统将装载属于该联队的每架飞机的每个系统的所有信息。借助于该系统，技术人员可以了解到某些设备在飞机使用了多久，是否有部件或线路可替换单元不能正常工作或者需要维修；这适用于飞机上和发动机上的每个系统。对于发动机，技术人员甚至可以了解到飞行员对发动机执行了什么操作动作：最大战斗功率、某种机动飞行等。这样，技术人员就知道发动机是否需要维修，从而降低了维护成本，提高了飞机的可用性。计算机用来监测和控制所有系统，以便大多数主要故障或事故在其发生前得到预防，这又再次降低了使用成本和损失。

不会干扰飞行员工作的小问题在飞机飞行期间将不会告诉飞行员。但是，哪些系统会受到影响的严重的问题将立即告诉飞行员，以便飞行员可以采取必要的动作保证飞机安全着陆。在摁下右边按钮后，他甚至可以要求飞行指令。所有这些措施大大减轻了飞行员的工作量。

2000年5月17日，在马勒姆的瑞典国防装备管理局试验基地对一台发动机起动期间，应急电源系统上的三个热电池被意外激活。检查发现，机载故障定位设备已经报告了电力不足的故障，这就是为什么电池被激活的原因，因为了解到这一点，所以工作人员才敢给美国制造商打电话报告电池不能正常工作。

由于这个原因，整个“鹰狮”机队停飞，由瑞典空军进行航空安全检查。在停飞期间，又发现两个有缺陷的电池，这五个电池都来自同一个生产批次。之后与美国供应商的技术人员一起进行了一项研究，以检查电池是否需要进行改进、内置的测试设备的软件是否需要更改，以及维护规程是否应做相应调整，5月29日，“鹰狮”机队的飞行禁令被解除。

如果内置的测试设备报告250个线路可替换单元中的一个出现了故障，技术人员（官员）或他的五人团队成员中的一个成员（都是义务兵）就会更换有故障的线路可替换单元。这意味着，飞机在10分钟内可以完成再次出动的准备。有故障的线路可替换单元被拿回仓库，在那里，有一些自动测试设备（ATE）用来隔离故障部件，一旦再次发生故障，就可以使维护成本更低。对于250个线路可替换单元，有250个不同的ATE系统，它们被分组为ATE31，ATE35和ATE37；ATE31用来测试指定的频率范围内的线路可替换单元。虽然“鹰狮”是一个小飞机，但是设计的每一个仪表板都必须能让维护团队容易接近，即，线路可替换单元的可达性必须好。1997年下达的并在巴黎航展上得到证实的一个升级命令是，第三批飞机必须有更好的可用性和寿命周期成本，以使“鹰狮”更适销对路，并使其未来的使用成本比现在更低。

发动机也被划分成模块，每一个模块都是一个线路可替换单元。当发动机装在飞机上时，可以通过12个检查窗来对发动机进行检查，但是如果需要改变一个模块，那么可以把整个发动机从飞机上拆下来。为了在一小时内完成更换发动机模块的维护任务，需要三个义务兵、三台微型吊车和一辆发动机搬运车。“鹰狮”的升级方案旨在降低设备的维护量和体积，以便可以集成更多的系统。EP-17系统是一个很好的例子——Mk.1标准配备了PP1和PP2两个数据处理器，但是它们后来被一个PP12数据处理器所取代——用一个线路可替换单元取代了两个线路可替换单元。一直用平均故障间隔时间（MTBF）的数值来对线路可替换单元进行分类。

通过采用飞行控制系统（FCS）的备份系统也大大提高了“鹰狮”飞机的可靠性，该系统可确保在紧急或故障情况下，飞机能安全返回基地。FCS的电力供应来自5个电源——FCS的发电机或者4个后备电源中的一个。如果它们都发生了故障，鹰狮”还有一个模拟备份系统，该备份系统与鸭翼不连接，使鸭翼变成自由浮动状态，以便使飞机再次恢复稳定。

瑞典空军有4架比其他现役飞机更重点使用的所谓试点飞机（PRI aircraft），目的就是为了看看对其余机队来说，未来的成本曲线将是什么样，并对新推出的技术进行耐久性测试。瑞典空军已经使用了一架试点飞机来对每一个新系统进行试飞。39131是试点“鹰狮”飞机中的一架飞机，在2001年1月17日，该机第一个达到了800飞行小时。其余的试点“鹰狮”飞机是39121、39122和39142，到7月底，只有39142的飞行小时小于800小时。

在高达800飞行小时的成本曲线调查期，没有发现需要进行大规模改进的地方（按照F7联队的哈坎·勃兰特（Hakan Brandt）少校的说法，与“雷”式飞机曾经经历的情况一样）。10月1日，为了确保系统和整个飞机的可靠性，决定把成本曲线的调查期延长到1600飞行小时。因为“鹰狮”飞机的每个批次的标准是不同的，第二批和第三批“鹰狮”飞机的不同要比第一批和第二批“鹰狮”飞机的不同大，因此决定，只要第三批飞机开始进入瑞典空军服役，就把2架第三批飞机添加到试点飞机的清单中。

2002年10月21日，首架飞到1000飞行小时的作战型“鹰狮”飞机是39131（4架重点飞机中的一架）。第二批中第二个试点飞机39142，在2002年11月中旬达到了同样的飞行小时数。

“鹰狮”的生存能力

良好的维护性、系统的冗余性和可靠性并不是增加最新型飞机生存能力的唯一措施。具有隐身、电子战（EW）、电子对抗（ECM）系统等也是必要的，虽然其中有些装备已经在较早几代的飞机上进行了装备。从一个新飞机的设计之初，隐身或减少目标识别特征和改进探测传感器就是一个重要部分。“鹰狮”的尺寸在近距离空战中绝对是一个优势，因为小飞机很难被发现并对其攻击，尤其是当它不做直线飞行和水平飞行时。飞机格斗的金科玉律是小即是美，而且“鹰狮”的机动性和加速性比其前任更好。当然飞机的生存能力除了依靠飞机的机载系统之外，还必须依靠飞行员的训练和体力以及心理极限。

虽然关注美国战斗机采用的隐身技术，如美国的F-22和联合攻击战斗机，但是隐身对瑞典人来说，还不是非常重要的一个设计因素。在海湾战争期间，F-117战斗机取得了极大的成功和优势似乎很明显：F-117战斗机并不需要任何战斗机护航。但几年后，隐身飞机的优势受到的极大打击：一架F-117战斗机在南斯拉夫上空被击落，失踪的飞机残骸后来出现在俄罗斯。这两次冲突促使多家公司去设计更便宜的隐身探测技术，并且这种装备的优势成为瑞典人怀疑在这样昂贵的技术（像隐身）上的投资合不合算的理由。对于很多战斗机来说，其发动机进气道通常是一个良好的雷达探测源，但是对于“鹰狮”飞机来说，发动机是相当小的，而且放置在机身后部，这降低了其的雷达目标显示特征。

一个对飞行员发出敌方雷达探测告警的系统是RWR（雷达告警接收机），如果该系统捕获到了告警信号，飞行员就可以采取行动以避免敌人的攻击。RWR基本上是一个被动的电子情报系统，瑞典空军从20世纪50年代的J29开始，就一直为其飞机配备RWR。新型雷达的能力使老式的RWR系统完全无用，因为现在的设备必须能为飞行员过滤出真正重要威胁的告警信息。负责为瑞典作战飞机研制生产RWR的公司是Celsius技术公司。

RWR是一种被动的系统，其探测时不会发出信号，这意味着，它不会警告敌人，对方飞行员已经知道他在哪里。并且该系统也不像雷达，它不会受到干扰。每种类型的雷达都有自己的“指纹”，除其他因素外，这是由雷达的脉冲重复频率决定的。这意味着，雷达可以被识别。RWR可以识别出什么类型的飞机正在形成威胁，因为飞行员的“雷达数据库”能告诉飞行员，他面对的是什么类型的雷达。在海湾战争期间，F-14“雄猫”飞行员曾经抱怨，他们没有看出任何作用，因为当他们打开雷达锁定伊拉克飞机前，伊拉克飞行员已经驾机跑掉。通过用RWR收集各种雷达的信息并把它们记录进库中生成数据库，而且该数据库可以很容易地进行更新，以适应任何新型雷达。

RWR不需要多大空间、重量或电力，因此，总是被装在小型战斗机上。上一代飞机使用的是模拟式RWR系统，但是，“鹰狮”飞机有一个数字式RWR，其过滤信息和识别重要威胁的能力更大。为了让RWR的探测范围更全面，它必须安装在飞机上能探测到每一个方向，或者飞机上必须配备多个该系统。实际上，作战飞机通常有多个RWR系统。“雷”式飞机在每一边机翼的翼齿上都装备了一个RWR，但是在“雷”式飞机上它们还有一个次要作用，那就是产生增强涡流。“鹰狮”飞机有5个RWR系统——一个放在垂直尾翼前端的飞行控制系统的动态压力传感器和ECM设备整流罩之间，在每个翼尖导弹轨上放两个：一个在前面，一个在后面。这种RWR的安装方式使“鹰狮”飞机足以全面应对任何雷达的威胁。

在其使用寿命期间，“鹰狮”的RWR已经持续进行了更新。使用宽带接收机的第一代RWR一直生产到1999年，直到其被增加了一个窄带接收机的第二代系统代替。此外，对硬件进行了更新，以使它比上一代更快也更紧凑。由于瑞典的政治政策的变化，有可能首次出口此类产品，第二代RWR系统也引起了德国人的兴趣，他们想用该系统替换掉“狂风”飞机上的现有系统。

RWR是最初安装在出口型“鹰狮”飞机上的爱立信–萨伯航空电子公司的

下图：在每一个飞行架次完成后，检修人员立即下载所有的飞行数据，以帮助他们确定飞机的磨损情况。

上图：停在一个瑞典空军简易基地中的一架全副武装的JAS 39A。

EWS-39的一个集成件，但是在1999年底，该系统也被瑞典空军选用。该系统由5个线路可替换单元组成——4个RWR（被称为翼尖单元）和1个电子战中央单元（EWCU）。基本型RWR的覆盖范围是在E至J波段，EWS-39通过Mil-Std-1553B数据总线与飞机其他内部和外部系统进行通信。其他机载系统，帮助其作出威胁评估，并采用相应的对策。为了增强EWCU，可以选择一个数字射频存储器、一个噪声调制器、直放站噪声

下图：尤其在偏远地区，可靠性是非常重要的，因为可以由小型团队运输的备件数量是很有限的。

调制器和一个输出级模块。

在1999年巴黎航展上，爱立信公司首次推出了一个名为MIDAS或称多功能综合防御航空电子系统的新的电子战套件。与RWR一样，MIDAS使用了电子情报（ELlNT）、电子支援措施（ESM）、电子对抗措施和一个高容量的数据链。与爱立信公司正在开发的低截获概率（LPI）雷达配合使用，该系统将更完美（虽然MIDAS可以与任何其他的LPI雷达配合使用）。MIDAS的开发计划最初是为更换或增强EWS-39系统而于1995年由爱立信公司开始进行的。但是，在开发期间，对该系统经过多次评估后，发现它的作用变得更为广泛，并且其名称也从MIDAS变成了MIDIS（多功能综合防御航空电子系统）。爱立信公司把MIDIS看成一个到2010年应当把其集成到“鹰狮”飞机上的系统。

除了这些告警系统之外，“鹰狮”飞机还有一个主动式系统以帮助飞行员避免受到导弹的攻击。Celsius技术公司已经开发了一个红外对抗曳光管投放器，其一次可以投放一包，飞机后部的漩涡可以帮助打散曳光管，以产生一个足够大的诱骗敌方导弹锁定的替代目标。投放器可以建到导弹发射器中，以使它们占用最小的空间。

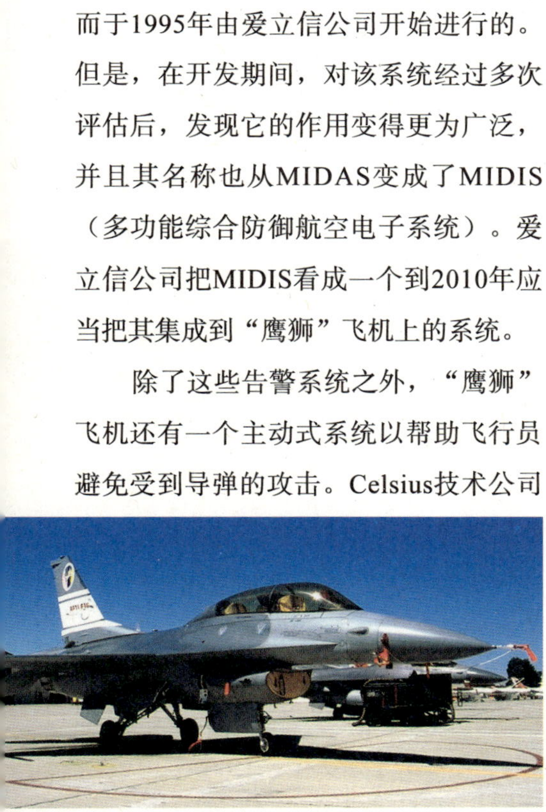

左图：AFTI F-16D 83-1176是用于执行美国与瑞典联合研制的自动化GCAS系统试飞计划的飞机。

AGCAS(Du Kan Inte Flyga Lagre)

为了提高安全性和减少平时损失，与上一代飞机相比，增加了对飞机系统的监测并提高了其耐久性，飞行员的安全性得到改进。但是，仍有改进的余地。在演习中当执行高过载机动时，可能会导致飞行员失去知觉，这将可能在演习期间损失作战飞机和飞行员，如果飞行员驾机正飞行于低高度，那将意味着机毁人亡。这个问题被称为过载昏迷，许多经验丰富的飞行员因这个问题而丧生。能够产生类似结果的另一种情况是，在低空高速执行一次快速喷气任务的飞行时。在这样的飞行中，飞行员的差错经常会产生致命的结果，这样的事故被称为可控飞行撞地（CFIT）。

从1995年9月起，萨伯公司与洛克希德·马丁公司战术飞机系统部开始共同

上图：带有美国和瑞典国旗的GCAS的徽章，其上是绿色的V形警告符号，当系统被激活时，该绿色的V形警告符号将显示在平视显示器上。

研发一种能防止95%这类事故发生的装备，这种装备的研发得到了美国空军和瑞典国防装备管理局的资助。每一方合作的原因都是为了削减成本——美国和瑞典都有独自开发这样系统的技术。合作的障碍是F-16战斗机与"鹰狮"飞机正在竞争出口市场，但这个障碍被克服了。该计划开始于1996年秋季，遵循以前在1985年至1988年和1989年至1991年进行的地面防撞研究进行研究。该计划由设在爱德华空军基地的美国空军研究实验室领导，瑞典国防装备管理局辅助，瑞典人把这个计划称为Du Kan Inte Flyga Lagre（瑞典语，意思为你不能飞得太低）。在1987年至1996年这10年期间，美国空军因为CFIT损失了98架飞机。

新系统被称为自动防撞地系统（AGCAS），该系统旨在阻止飞行员驾机撞向地面。用AFTI（先进战斗机技术集成验证机）F-16飞机对该系统进行试飞，而且要求当没有直接的危险时，该系统不能干预飞机的正常飞行；这是这项研究工作的难点部分。该系统的目的是把飞机改平，然后做一个过载为5g的拉起。为了向飞行员发出该系统将激活并将要采取行动的告警，一个告警信号将显示在平视显示器上（处于平视显示器外缘的两个V形或箭头将向平视显示器中心移动），以便飞行员可以采取纠正措施或为机动动作做好准备。在那一刻，两个V形符号在平视显示器的中心相连并闪烁，其与飞行员头盔上的语音报警信号一起向飞行员发出警告，AGCAS将控制飞机进行一次最大迎角改出。飞机改出后，AGCAS将给飞行员发出一条语音信息"'you've got it"（你得到飞机的控制权），告诉飞行员，他恢复了对飞机的控制。

计算机从全球定位系统（GPS）、地形数据库、雷达高度表和速度记录器上获取信息来预测需要对飞机采取纠正动作以避免飞机坠毁的那一时刻点。实战型应该把高度限制在50～150英尺（15～46米）之间，在那一点，AGCAS

考虑的是迎角、倾斜角、速度、高度、地形和附近的其他障碍物（在“鹰狮”飞机上，这类数据大多数由新型的NINS着陆系统收集）。1997年，AFTI/F-16团队开始进入了“骚扰（nuisance）”告警研究阶段，在该阶段，AGCAS会发出一个告警，但是，实际上飞机并没有直接的危险。然后飞行员就希望能在低空飞行时关掉该系统，但是这样将使AGCAS失去作用。因此对骚扰告警的判据要进行设定，AGCAS的设计师就从这个地方进一步开展研究。AFTI/F-16 750750飞机一直进行着骚扰试验，直到该机在11月初被F-16DS/N 83-1176取代。

从1998年7月8日到11月5日，在爱德华空军基地对AGCAS进行了30个试飞架次，总计38.3飞行小时，在此期间，瑞典和美国飞行员试飞了350多个机动动作。参与这次试验的瑞典飞行员是来自瑞典国防装备管理局的比约恩·约翰松和萨伯公司首席试飞员奥拉·黎格奈，而美国飞行员来自洛克希德·马丁公司和第416飞行试验中队。该系统几乎消除了骚扰，产生的骚扰主要是由地形参考导航系统的误差、GPS的盲区和惯性导航的差异引起的。GPS产生盲区主要发生在剧烈机动期间，在此期间，飞机的天线与GPS失去了联系。

自动AGCAS将是飞行控制系统和系统计算机的软件功能的补充，因此可以更新所有的飞机。该系统准备在2003年进行作战试验和评估。因为40架飞机已经可以进行出售或出租，因此目前尚不清楚该系统是否将引进到余下的所有202架飞机上，但是该系统将会为飞机的出售增加相当大的价值。

在一次名为“科技与恐怖主义“的会议上，美国国防部的詹姆斯·奥·拜伦（James O'Bryon）回顾了AGCAS在爱德华空军基地进行的试飞，认为该系统表现得非常好，以致于在飞行员14次故意坠机的尝试中，该系统每次都自动接管了飞机控制，挽救了飞机和飞行员。在美国基地的试验计划完成后，据报道，AGCAS做好了95%的准备。从2002年5月开始，在林彻平市，用“鹰狮”39-5对AGCAS进行试飞。在联合项目完成后，美国第412试飞中队接受了进一步改进该系统的任务。

该计划是如此的成功以致于又启动了一项处置空中相撞的补充项目，空中相撞是导致军机失事的第三大原因，这也是开展这一项目研究的主要原因。这一次，波音公司也参与进来，该项目最终导致了空中防撞系统（ACAS）的诞生。

两国的合作协议于2000年10月签署。瑞典支付一半的研究经费，政府将拥有技术与软件的所有权。项目的第一个阶段——概念研究，于2001年5月完成。根据11条预先设定的要求（在下面列出），波音公司和萨伯公司都有设计系统算法的责任。

1. 该系统应能防止在所有飞机（包括军用和民用）和无人机之间的空中相撞。这一点很重要，因为在未来的任务中，无人机和军用飞机将必须在一起相互配合作战。
2. 该系统应能用于有人驾驶和无人驾驶飞行器。在有人驾驶飞行器上，除了防止飞机失事外，该系统不能妨碍飞行员对飞行器的正常操纵（即，它将不会让人讨厌）。在无人驾驶飞行器上，除了防止飞机失事外，该系统将不会干扰操控者对飞行器的正常操控。
3. 作为最后的手段，该系统必须能提供一种应急机动，以防止与所有其他飞行器相撞。对一架有人驾驶军用飞机来说，期望ACAS的启动时间是在碰撞前的0.5秒到1.5秒的逃离时间之间。
4. 为了避免碰撞，该系统应能发出一个可预见的反应；例如，类似于飞行员或无人机操作员知道的提示。
5. 在执行逃离空中相撞机动期间，该系统应当不会导致飞机撞地。ACAS也应能够通信或者与AGCAS进行连接。
6. 受指挥的逃离机动的时间应当足够长以防止相撞，并且在紧随的消除威胁飞机的间隙，必须立即解除飞行员对飞机的控制。
7. 该系统应防止不可预见的、会引发碰撞的事件。
8. 该系统必须提供安全的飞行器操纵，并且，所需的冗余元素必须是充分验证过的、有效的和经过试验的。它将广泛采用分布式整体监控技术以保证不使用蛮力冗余，实现故障安全操作。
9. 该系统必须能够迫使一架无人机在与有人驾驶飞机相撞之前执行一个防撞机动。
10. 该系统应当有余度元素以对故障提供必要的保护。
11. ACAS应为模块化设计并有可移植性，以增强它在多种类型的飞机和无人机上的可用性，包括军用、民用和商用飞机等。

第二个阶段，该系统的设计和试飞阶段，于2001年8月开始。每种算法的精华部分还有待进一步发展成一个通用算法。洛克希德·马丁公司负责把该系统集成到VISTA F-16飞机上。2002年秋季开始了该系统的集成工作，按照萨伯公司试飞员马格努斯·奥尔森（Magnus Olsson）的说法，由瑞典和美国飞行员在林彻平市用“鹰狮”模拟器对ACAS进行了试验。

该系统将可以用于编队飞行，但是飞机的周围将有一个用计算机计算的无形的安全区，该安全区的大小取决于飞机的速度和方向。例如，如果两架互相接近的飞机各自的安全区将接触，ACAS将被激活，并开始采取一个高过载机动以防止两机相撞。该系统的目的是要立足于数据链接信息，但是又不限于此类信息；其他的信息来源还包括雷达、前视红外探测系统和红外探索与跟踪系统。计划在2003年6月和7月，由美国空军研究实验室领导，在美国对该系统进行试飞。

2003年8月7日，美国空军少校詹姆斯·莱斯（Major James Less）驾驶Vista F-16飞机，和瑞典空军少校理查德·永贝里（Major Richard Ljungberg）在另一架由少校斯科特·威茨班诺乌斯基（Major Scott Wierzbanowski）驾驶的F-16飞机上首次对安装ACAS的飞机进行了测试。据空军研究实验室的试飞主任史蒂夫·马克曼（Steve Markman）说，对于两架互相接近的飞机，每次ACAS都自动激活，并且不用飞行员干预，两架飞机就会自动分离。对于首次用一架飞机试飞，交会的距离被有意设高，以便该系统不能正常工作时，飞行员可以有时间做出反应。当飞行员和工程师在该系统上获得自信时，交会的距离将逐渐减小。

弹射救生系统

任何战斗机飞行员都必须有一种安全的感觉，以便在战争或演习中如果出差错时，他知道有逃离飞机的可能性。用于现代喷气式战斗机的解决方案是弹射座椅。在飞机上，飞行员和他的座椅将直接向上弹射出飞机。最著名的弹射座椅设计者是英国的马丁·贝克公司，但是在第二次世界大战期间，瑞典是继德国之后第二个把弹射座椅投入服役的国家。

瑞典第一个自行设计的弹射座椅是为J21飞机开发的。这种采用活塞式发动机的战斗机的后机身短舱中有一个推力螺旋桨，这妨碍了飞行员安全离开飞行中的飞机，因为仍然转动的螺旋桨有击中飞行员的危险。因此有必要用一个弹射座椅把飞行员（和它的座椅）弹离飞机。

战后，瑞典继续为其所有飞机开发

弹射座椅。J29"飞行酒桶"因为飞行速度更快，因此使用了一个从J21飞机座椅基础上升级的座椅。后者的Mk.2座椅有两个发射炮，而不是在老型号中使用的一个发射炮。Mk.3座椅是安装在J32"长矛"飞机上的，它用一个中心发射炮取代了原来的两个发射炮。

J35"龙"式飞机上的弹射座椅较早期型号的座椅进行了更多的更新和改进。第一个火箭动力座椅，第一代的RS-35，安装在J35D飞机上，而后来的第二代RS-35配备了一个更强大的弹射弹、更强大的火箭发动机、稳定剂并做了其他一些改进。

RS-37是为"雷"式飞机开发的，并再次进行了更安全的改进，但为每个新一代战斗机设计的座椅变得越来越笨重，因此，不能用于"鹰狮"飞机上。因此决定对一个现有的弹射座椅进行修改，这样做也更便宜，瑞典和马丁·贝克公司的工程师在1982年开始研究以使马丁·贝克公司的Mk.10弹射座椅能适应瑞典的要求。"鹰狮"是瑞典第一种装备了由外国人设计和生产的弹射座椅（一个轻型的Mk.10 弹射座椅）的飞机。

Mk.10 弹射座椅是在Mk.9 弹射座椅基础上发展的。后者在椅盘前面乘员的两腿之间的座椅弹射手柄特意设置了一个新型的反应更快的装置；它的舒适性远远超过以前的座椅，但缺少更长飞行架次的考验。Mk.10 弹射座椅的改动包括：

- 在Mk.9的基础上，对包括射伞释放和操作安全带释放系统引进了扩展的使用燃气的发射系统。
- 减速伞和降落伞的组合作为一个完整的装置被保管在座椅结构顶部的一个可快速拆卸的伞包中。
- 简化了连接安全带的两个点。
- 引进了手臂限动器。

Mk.S10LS轻型弹射座椅尤其适合于瑞典空军的规范，选择它的一个重要原因是它的寿命周期成本低并且两次维护的间隔时间长。按照马丁·贝克公司的说法，在人力资源和成本方面，Mk.10 L系统的成本在任何现代飞行员弹射逃生系统中几乎是最低的。座椅试验开始于1985年6月；1986年3月，萨伯公司向英国交付了两个定制的"鹰狮"前机身/座舱部分中的一个，以用于座椅的进一步试验。

建造带一个新座舱的双座"鹰狮"决定引起了弹射座椅又一轮的发展。"鹰狮"单座前机身部分又被返回给萨伯

上图和左图：ACAS不会干扰“鹰狮”正常的编队飞行。

左图：ACAS计划的臂章表明，这是另一个美国/瑞典的联合项目。在臂章的中心可以看到两架将要交会的飞机。

公司，萨伯公司把其改造成双座部分，然后又交给了马丁·贝克公司。1993年7月首次开展了双座的座椅试验——飞行员按顺序被弹射，但是在此期间，在起爆后，出现了一点问题，当前座飞行员离开时，座舱盖玻璃碎片进入了座舱并击中后座飞行员。通过引入空气囊，马丁·贝克公司解决了这个问题，在空气囊放气前膨胀一秒以保护后座飞行员，之后让后座飞行员安全弹射。

另一个必须解决的问题是，如何保证两个飞行员在弹射期间或者在弹射后不会发生相撞。为了使发生相撞的概率减至最小，在弹射次序的程序设置上将使前座飞行员稍向左移动，后座飞行员稍向右移动。在一架双座"鹰狮"上零-零弹射（零速度和零高度）过程中，在弹射后到达最高点时，两名飞行员左右移动的分离距离将达到65英尺（20米）远。

Mk.S10LS弹射座椅在很多方面不同于标准的Mk.10L弹射座椅。已经进行的或由萨伯公司建议的改进主要包括以下内容：

- 进一步提高座椅的舒适性。
- 使用燃气的射伞枪和座椅定时器。
- 冗余燃气系统。
- 腿部限动器系统。
- 增加头枕。
- 椅盘上的舱盖破碎器。
- 火箭启动安全装置。
- 定位信标和安全处理电气指示。
- 为个子较高的瑞典飞行员扩展座椅横梁。

萨伯公司就座椅本身所做的工作很少，仅包括用于腿部限动器系统的布线机和连接器。

Mk.S10 LS是一个全自动的、使用弹射弹和辅助火箭的弹射座椅。它可以在飞机高度、速度、姿态和飞行路径的大多数组合（在零高度到50000英尺（15240米）的高度之间的零速度/零高度到"鹰狮"最大速度范围的飞行包线内）中为飞行员提供安全逃生。

座椅以27°角安装以优化飞行员的抗过载能力，降落伞的开伞速度取决于飞机的高度；座椅识别三种不同的飞行高度：低高度高达7000英尺（2134米），中高度在7000英尺以上，高高度在10000英尺（3048米）以上。

通过拉放在椅盘前面飞行员两个膝盖之间的座椅弹射手柄就可以启动弹射。弹射时有三种抛掉座舱盖的方法：通过操作弹射手柄抛掉它，通过一个微型导爆索（MDC）炸碎它或者用弹射座椅本

右图：用于JAS 39B/D"鹰狮"后座舱的空气囊在1995年承担了充气膨胀试验。

左图：准备试验的“鹰狮”前机身，它装在一个带有助推火箭的马丁·贝克公司的滑车上。

身穿透它。“鹰狮”的座舱盖上装备了一个微型导爆索系统，因此如果拉动弹射手柄，微型导爆索就被点燃，座椅就从座舱盖上炸开的洞中穿过。

微型导爆索绕着座舱盖的边缘安装，并穿过座舱盖的中心部位，导爆索非常细，因此不会影响飞行员的视野。座舱盖的厚度是0.35英寸（9毫米），但风挡玻璃的厚度达到1.04英寸（26.5毫米）（因为它必须能在飞行中承受住鸟的撞击）。已经用2.2磅（1千克）重的鸟以622英里/时（1000千米/时）的撞击速度对风挡玻璃进行了测试。如果鸟更重，或者撞击速度更高，或者如果风挡玻璃早于允许的安全系数崩塌，鸟的尸体就会撞到飞行员的脸上。

弹射后，自动进行人椅分离和降落伞开伞。万一自动系统出现故障，可以用手动控制系统重启分离程序。在低高度范围内，将在飞行员启动弹射系统后3秒内完成降落伞开伞。在中等高度范围内，降落伞的开伞被一个气压调节器控制的过载限制器延迟，该限制器可以探测由减速伞导致的座椅减速效果，使释放操作延迟约1秒，直到达到要求的降落伞开伞速度。这使得飞行员得以平滑过渡，减少损害飞行员椎骨的机会。

在高高度范围，乘员保持在座椅上并供应氧气，直到降低到一个由恒压器预先设定的安全高度上。座椅由张开的减速伞保持稳定，当达到预定高度时，降落伞自动打开。开伞后，人椅分离。这种方法减少了半空中相撞的风险。

降落伞的漂移速度是9.8英尺/秒（3米/秒），但它不能转向，这意味着飞行员可能无法避开会导致着陆伤害的场地

下图：1995年弹射试验中的双座座舱/前机身。注意，充分燃烧的助推火箭是如何在高速轨道上推动滑车的。

上图：在从"鹰狮"飞机上弹射之前，微型导爆索起爆，当弹射座椅穿过破碎的座舱盖时，可以看到起爆的结果。

上的任何障碍物。为此，瑞典空军开始用一种新型的可操纵的降落伞取代第二批"鹰狮"飞机上的这种降落伞。当飞行员操控它时，可操控的降落伞的漂移速度也是9.8英尺/秒（3米/秒），但是如果不使用操控，它的漂移速度只有1.6英尺/秒（0.5米/秒）；这就减少了飞行员受伤的风险，因为着地速度没有那么大。这对受伤或其他无法控制其降落的飞行员来说很重要。

1993年8月8日，"鹰狮"的Mk.S1OLS弹射座椅的性能得到了充分的证明，当时，拉尔斯·罗德斯壮驾驶"鹰狮"39102在飞行表演中因飞机出现故障，用该弹射座椅在很低的高度上成功弹射逃生。这是已知的马丁·贝克公司座椅的第6335次成功弹射（也有说是第6320次成功弹射）。有史以来第一次，该系统在一架瑞典空军的飞机上被弹出。刚刚超过6年第二次弹射时刻来临了，当时是在1999年9月20日，"鹰狮"39156在维纳恩湖上空失事；按照马丁·贝克公司的数据库记录，这是使用马丁·贝克公司弹射座椅进行的第6746次成功弹射。

左图：微型导爆索不会阻碍飞行员任何方向的视野。

第7章

大迎角试飞

大迎角试飞的准备工作开始于1993年。试验机原计划用39-4，但因为它的显示器出现问题（如果直流电供应中断，该机的玻璃座舱将停止工作），因此尽管该机接近生产型标准，但是在高风险的试飞任务面前，这是一个不值得承担的风险，因此后来选用39-2来承担大迎角试飞任务，因为39-2用的是一个常规座舱布局。

虽然39-2的模拟显示很少受到停电的影响，但是老式的座舱布局仍旧不适合用于大迎角试飞，因此在调整39-2的座舱布局之前，试飞队不得不研究美国人在进行此类试飞研究时所使用过的座舱布局。

“鹰狮”已经飞到了26°的迎角。1994年12月，在为大迎角试飞做准备

右图：在实际的大迎角试飞开始前，飞机挂载全部外挂对机动负荷限制器进行了测试。

上图：在大迎角试飞期间，为了便于观察，“鹰狮”39-2的一些部位被涂装成白色。

下图：由萨伯公司设计的“鹰狮”被认为是成功的，因此对该机的外形和结构没有进行重大升级的必要。唯一引人注目的升级是，为了改善该机在大迎角区域的操控性，在鸭翼后面增加了边条。该边条很早被添加进计划中，并很快引入到最初的几架生产型飞机上。

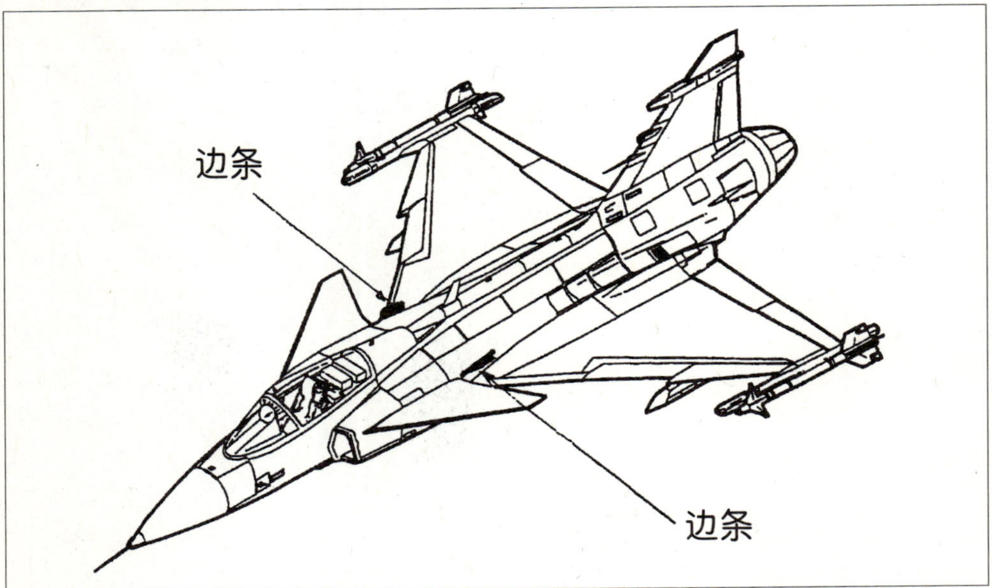

时，萨伯公司把39-2飞机涂装成黑色，在后来著名的儿童文学作品中，该机被称为“黑美人”。如果超出迎角限制，飞机将进入尾旋，因此后来添加了一个反尾旋伞以实施尾旋改出。

反尾旋伞的安装位置限制了飞机侧部减速板的正常功能，因此拆除了减速板以使反尾旋伞的安装更坚实与可靠；反尾旋伞本身的功能就可以作为减速板使用。为了得到更好的观察效果，该机的某些部位后来被涂装成白色，大迎角试飞于1995年正式开始。

大迎角试飞对于确保瑞典空军飞行员在飞行包线的极端边界部分能享受无忧操作是至关重要的。试飞计划包括了超过1900个试飞架次，但是最高风险的试飞直到最后所有的“低风险”试飞任务都完成了也没有执行。大部分试飞是

上图：大迎角飞行控制律被分成了3个不同的区域：区域I是正常飞行包线；区域II被分成两个独立的迎角部分（在这一区域，飞机仍旧是静不稳定的，使用一个迎角的非线性提前量（通过迎角点）和一个增加的反馈来使飞机返回到区域I）；在区域III，飞机是静稳定的，其控制律包括一个自动改回到区域I的功能。

左图：用于大迎角试飞的生产型JAS 39B 39802。该机在试验期间拍摄的照片显示了安装的反尾旋伞。

由萨伯公司的试飞员夸斯·詹森和瑞典国防装备管理局的试飞员比约恩·约翰松完成的，他们是这个领域的专家。此外，米奇欧·塞德尔（Mikael Seidl）也参与了部分试飞任务。

原型机39-2的试飞计划一直持续到1999年，这一年该机退役后被移交到哈尔姆斯塔德（Halmstad）。为了使生产型飞机获得最终批准，又用39101和39104继续进行试飞，因为39-2不满足生产型标准。其中，大约有150次背离了受控飞行，每架次平均6～8次；对每个外挂构型最多要求进行3个飞行架次。作为在39-2试飞上取得积极成果的结果，39101和39104在试飞中都没有配备反尾旋伞。

必须在双座“鹰狮”飞机上重复进行大迎角试飞，因为与单座飞机相比，该机相对较长而且重心不同。为这次试飞任务选择的飞机是第二架生产型JAS 39B，39802，对该机只做了极小的更改；在2001年1月10日，该机配备了一个反尾旋伞，两天后，就进行了空中试飞。后来，就在2001年6月尾旋试验开始之前，在座舱中添加了两个模拟测试仪器，其中一个用来测量迎角的变化，另一个用来测量偏航率。尾旋试飞于2001年9月完成。

第8章

进入服役

瑞典的国防经费通常平均分配给三军，即国家的武装力量——空军、陆军和海军。每个军种都有一定的权利来决定自己的经费分配情况，瑞典空军采用的分配方法是将经费的60%用于新材料，40%用于全体官兵和其他的开支。这就意味着瑞典空军无论什么时候遇到国防经费削减（自从1965年以来，瑞典一直都在削减国防经费），都不会像陆军和海军一样遭受严重的打击，海军和陆军由于将更多的经费用于作战和全体官兵身上，最终只能遭受更大的打击。

当决定建造“鹰狮”时，“鹰狮”的研制完全被看做一个仅满足瑞典国家（这个独立于任何主要防御联盟之外的中立国家）用于自我防御需要的400架飞机的需求。

1989年华沙条约瓦解，不久，整个欧洲和美国都开始大量削减国防开支。但是，由于当时的俄罗斯存在明显的不稳定性，瑞典只是谨慎地减少了一点兵力。1990年6月29日，最后一批329架“雷”式战斗机交付空军，计划这种型号的战斗机能再服役20年，大多数时间与“鹰狮”飞机在一起服役。20世纪90年代期间，瑞典政府日益认为未来任何冲突都不会是单方面战争，因此，瑞典现在可以负担得起，以获得所谓的“和平红利”的好处。

1992年6月2日，当公布110架“鹰狮”的第二批合同时，瑞典空军仍在指望接收第三批的大约160架飞机。当订单上已有的飞机增加到140架时，这些“鹰狮”就足以装备拥有23个中队的瑞典空军的的三分之二中队；其余的将使用“雷”式战斗机。

将近五年后，1997年6月27日，当第三批的合同最终被批复的时候，数量发生了明显变化。订单仅有64架，反映了在这一段时间内，瑞典空军在进一步缩减。这个下降趋势持续了30多年：1965年50个中队、1971年38个、1988年26个和1996年16个。

1997年制定的计划预测在2006年只有13个中队在役，其中12个中队使用"鹰狮"；1个中队使用AJS 37"雷"式战斗机。另外两个"雷"式战斗机中队将用于战略储备。"雷"式战斗机是老式的机型，对它们的处理未来可能有两种选项：

1. 由于国防预算日益缩减，"雷"式战斗机中队可能会完全退役。
2. 这也可能是第四批"鹰狮"的一个订单。

第一个是最可能的结果，到1997年底，瑞典空军开始退役剩下的"雷"式战斗机。与"鹰狮"相比，持有"雷"式战斗机系统会更加昂贵，因此瑞典空军试图加快转换过程，但是与此同时，瑞典政府已开始形成一个较中性的政策。瑞典为了和平演习开始加入北约的伙伴关系，而且也加入了联合国维和部队（正如它先前在比利时、刚果所做的），这个行动把一个较重的负担增加到了军队和士兵的身上。

确定军队的裁员计划和准备建立执行国际义务的作战中队的日期都定在2003年。第一年打算使用来自F21联队的AJS 37"雷"式战斗机，其下一年将被"鹰狮"取代。

下一个将重新装备"鹰狮"的联队是在安吉尔荷姆机场（Angelholm）的F10联队，之后在乌普萨拉机场（Uppsala）的F16联队也将收到"鹰狮"战斗机。但是，1999年5月19日，一份瑞典的国防审查披露，原计划的"鹰狮"中队数量将从12个减少到8个，但是每个中队的飞机数量将会增加。F16是被

右图：瑞典空军曾参加合作伙伴的若干和平演习以演示"鹰狮"是与北约标准兼容的。其中波罗的海的演习表明，"鹰狮"的作战性能与芬兰空军的F/A-18"大黄蜂"不相上下。

选择解散的联队之一。

2000年的国防计划再次改变了这种情况。在安吉尔荷姆机场的F10联队被期望封闭并与F16联队组成飞行战术学校的基地。瑞典空军司令简·琼森将军说，如果可能，他将会加快向“鹰狮”的转变以节约资金，并且比预期的更早退役保留的“雷”式战斗机，以腾出资金来，投资到其他装备上。

新一轮的预算缩减使瑞典空军的经费将减少30%，为此，瑞典空军通过关闭两个基地和提前退役老的装备来应对经费的缩减。F10联队和F16联队在2003年前都将被解散。已经换装“鹰狮”战斗机的F10联队将继续存在，但是飞行员稍后将转入F4和F17联队。将每个中队“鹰狮”的数量从17架增加到25架以应对作战单位的减少，这意味着每个联队大约有50架“鹰狮”飞机。

最终决定，F10联队将不会被分散到保留的联队中去，但是要整体转到位于龙讷比（Ronneby）的F17联队，在那里它取代原来的两个JA 37“雷”式战斗机中队。之后，F4联队将是下一个接收“鹰狮”的联队，以取代另外两个JA 37“雷”式战斗机中队。F21联队将是最后得到“鹰狮”的联队，因为这个联队具有侦查能力，因此瑞典空军还必须为“鹰狮”采购一个侦查吊舱。

瑞典国防大臣比约恩·冯·叙多当时宣布了国防政策的一个重大变化。按照冯·叙多的说法，最重要的一点是，瑞典的防御结构要由防御侵入型转变成维护国家领土完整的组织。与此相关的一个重点是，从2002年到2004年国防预算每年将削减10%，这种做法被证明在国防工业内是一个非常不受欢迎的决定。然而萨伯公司没有因此受到太大的伤害，由于没有允许取消订单的条款，因此瑞典空军仍必须接收已订购的204架“鹰狮”战斗机。

2001年3月1日，新的瑞典武装部队总司令约翰·赫德斯泰特（Johan Hederstedt）宣布了一个果断和大胆的决定，瑞典空军将不需要已订购的所有“鹰狮”。他指出，头40架生产型飞机可以被卖掉或租出去（虽然“鹰狮”39102在一次坠机中已经被注销，“鹰狮”39101仍在萨伯公司服役）。

赫德斯泰特的理由是瑞典空军需要一定程度上减小它的野心来达到更大的能力。有问题的“鹰狮”最初期望被保留为瑞典空军的储备，但是根据赫德斯泰特的说法，瑞典空军不需要这些储备。而且，事实上这些飞机不会继续服役，因为对它们进行的任何更新都会过时。

赫德斯泰特的决定意味着每个中队的“鹰狮“数量都不会按事先的计划增加。比约恩·冯·叙多的反应很现实，他说赫德斯泰特的决定符合逻辑。

2001年4月17日，赫德斯泰特说，如果他得提议被国会接受，不仅F10联队将会在2002年12月31日解散，而且F4联队也将会关闭。他认为实施这些建议，从长远来看，会使瑞典空军的未来具有更好的成本效益、合理性和环保。由该建议可以看出，瑞典空军是基于包括8个“鹰狮”中队的4个联队的基础上组成的：

1. 位于乌普萨拉与飞行学校整合在一起的F16联队拥有一个“鹰狮”中队。
2. 位于吕勒奥（Lulea）的F21联队拥有3个“鹰狮”中队。
3. 位于塞特纳斯（Satenas）的F7联队拥有2个“鹰狮”中队。
4. 位于龙讷比的F17联队拥有2个“鹰狮”中队。

从2001年4月19日开始，瑞典召开了一次国防委员会来讨论赫德斯泰特的提议，并且希望截至5月16日，瑞典议会能对此作出决定。但是无论如何，乌普萨拉（Uppsala）似乎将得到它的“鹰狮”中队。

事实上，政治家们不同意关闭这些基地，并且制定了一个与赫德斯泰特的建议不同的处理方案。即决定F4联队继续保留，而位于乌普萨拉的F16联队要和F10联队同时关闭，从而在同一时间关闭了瑞典的两个最大空军基地。

图①：萨伯公司试飞部门的新徽章，上面有一只站立于地球上的神秘“鹰狮”。

图②：瑞典国防装备管理局测试和评估部门的徽章，其上的文字“Semper Comperiemus”可以翻译为“始终比较”。

图③：该徽章是由萨伯公司以前的“鹰狮”试飞员佩戴的。

图④：TU-39测试和评估部门的徽章，该部门基本上是“鹰狮”交付前线部队前第三个执行试飞的部门。

萨伯试验部门

首个试飞“鹰狮”战斗机的单位，当然是萨伯公司在林彻平的试飞部门，它从一开始就负责这个型号的试飞，直到其被交付到中队服役。萨伯公司也负责新软件和硬件的测试，而且必须在移交瑞典国防装备管理局前（通常要求飞行三次）对每架生产型“鹰狮”进行适航性试飞。该部门的首席试飞员：

- 从1984年9月开始是斯蒂格·霍姆斯特姆。
- 从1989年开始是波·佩尔伯格。
- 从1990年7月开始是阿恩·林霍尔姆。
- 从1996年开始是夸斯·詹森。
- 从1999年开始是奥拉·黎格奈。

萨伯公司试飞部门也负责在全世界举行的飞行表演，拉尔斯·罗德斯壮是第一个被雇佣执行此任务的飞行员。1991年6月6日，罗德斯壮驾驶原型机39-3在斯德哥尔摩的斯卡森露天空军博物馆上空飞行，并且进行了两次656英尺（200米）的通场。拉尔斯·罗德斯壮在1994年退役，几年后弗雷德里克·马奇尔接替了他的工作。

瑞典国防装备管理局或试飞中心

瑞典国防装备管理局（FMV）和国防部是瑞典国防材料重要管理部门，交付给瑞典国防装备管理局的“鹰狮”由试飞中心或试验部进行试飞。瑞典国防装备管理局的试验部建在林彻平附近的马尔摩空军基地，该基地位于林彻平的萨伯公司试飞机场的对面。该基地主要进行飞机评估、测试和控制，并且参与“鹰狮”的试飞工作。

“鹰狮”由来自萨伯公司和试飞中心的飞行员来评估，然后分别独自向用户递交一份报告，其中包括飞机及其系统的发展情况。由萨伯公司交付的每架生产型飞机也都移交给瑞典国防装备管理局，在那里，在交给试飞中心前，由试验部进行更多的试验。

瑞典国防装备管理局第一个试飞“鹰狮”飞机的飞行员是马特斯·尼尔森；他是第四个试飞“鹰狮”的飞行员，他后来成为瑞典空军的总司令。尼尔森在1990年9月第一次试飞了“鹰狮”飞机，并且有一段时间，他和阿恩·林霍尔姆是作为“鹰狮”飞机的两个主要飞行员。为了辨别飞机属于哪个联队，瑞典空军在飞机的机头喷上数字，后来又加了一个字母，试验部则在机头喷上字母“FC”。

瑞典国防装备管理局也针对瑞典空军的要求对新技术进行试验。比如，

上图：比约恩·约翰松（右）在飞行后与他的两个TU-39部门的同事在讨论。

在1999年就试验了一些人机界面产品（三维声音控制、头盔显示器和语音控制），目的是测试这些产品在“鹰狮”飞机上的适用性。在“鹰狮”飞机的整个试验阶段，瑞典国防装备管理局的首席试飞员包括阿尔姆施泰特和比约恩·约翰松。

据说为了防止乌普萨拉的基地被关闭，曾经打算把瑞典国防装备管理局搬到那里，但实际上瑞典国防装备管理局一直都没有搬。马尔摩空军基地位于萨伯公司附近，这有利于双方在项目上的合作。

2002年上半年，试飞中心被更名为批准和认证中心（VoVc，英语就是“the Validation and Verification Centre”）；机头上该单位标记也由“FC”改为“VoVc”。

TU-39

简·琼森上校（后来成为瑞典空军总司令）接受了成立“鹰狮”飞机训练中心的任务，该中心将负责“鹰狮”飞机的战术发展和训练，以及与其他系统的整合。在1987年到1989年之间，琼森从JA37飞机改装到了SF37“雷”式飞机（照相侦察）上，以便他可以了解相关的问题。这些经历使他成为筹建这一部门（该机构将成为瑞典空军“鹰狮”的作战试验和评估单位，并且为“鹰狮”飞机服役做好计划和准备）的理想人选。琼森在1989年秋天接到此任命，该部门被称为TU-39，即战术测试39（或作战试验和评估）。

1989年11月1日，TU-39成为瑞典空军第一个活跃的“鹰狮”部门，它的任务之一是为“鹰狮”的飞行员编写教材和维护手册。1993年夏天，简·琼森有事离开，把TU-39的管理权交给第一批“鹰狮”作战飞行员中的安德森中校。

TU-39位于林彻平附近的马尔摩，这里方便与萨伯公司的技术人员进行交流。1995年10月到1997年3月，将要交付的第一批“鹰狮”就停放在马尔摩，之后这些飞机和TU-39都被转移到了塞特纳斯。

1997年3月，首批F7联队的飞行员开始变为“鹰狮”飞行员，1998年，简·安德森被提拔为F7联队的司令，他在TU-39的工作由哈坎少校接替。在塞特纳斯的TU-39负责飞行员的改装任务，直到1999年夏天，F7联队的两个中队接替此项改装任务。“鹰狮”的第一个表演飞行员肯·林德伯格也为TU-39工作,该部门在2000年末2001年初又从塞特纳斯搬回了马尔摩。

瑞典空军要求截至2004年要获得一个能进行国际作战的“鹰狮”联队，并且从2000年5月开始，TU-39被要求承担发展能满足该任务要求的系统。这些新的面向海外的系统在“鹰狮”飞机使用前从2003年开始先将安装在AJS37“雷”式飞机上。

上图：1996年6月9日，瑞典国王卡尔十六世古斯塔夫也参加了“鹰狮”训练中心的开幕式。

左图：F7联队红中队的队徽。字母G（为了纪念古斯塔夫）组成了队徽的设计部分。

左图：F7联队蓝中队的队徽与红中队的没有太大区别，只是颜色和队徽上的文字不同。

F7联队的斯卡拉堡空军司令部

F7联队成立于1940年，又称古斯塔夫联队（G是字母表的第七个字母，古斯塔夫是瑞典语音拼写）。F7联队的代号是古斯塔夫红队或古斯塔夫蓝队。

1987年12月底，“鹰狮”开始试飞前，瑞典空军司令埃里克森·奥尔森（Sven-Olov Olson）中将决定由位于塞特纳斯的F7联队第一个接收“鹰狮”飞机。1988年2月，他宣布塞特纳斯也将承担所有“鹰狮”机型的改装飞行和模拟训练。这将是F7联队从第一次接受首批新机型以来第三次再次首批接收新的机型，第一次是J21R，第二次是1973年接收的AJ37“雷”式战斗机。这将要求对基地的基础设施做大量的改造。

塞特纳斯空军基地位于人烟稀少的地方，环境优越（训练时不会有打碎玻璃或噪声太大的抱怨声）。它的两面被维纳恩湖包围，能保证低空飞行。

F7联队除了两个战斗机中队外，还有一个装备洛克希德公司TP84“大力士”的运输中队。塞特纳斯有两个跑道，分别长6562英尺和8202英尺（2000米和2500米），足以满足“鹰狮”和“大力士”的使用。

因为很早就决定用“鹰狮”飞机代替F7联队的两个“雷”式飞机中队，所以第一架“鹰狮”到达基地之前，相应的基础设施早就准备好了（1992年5月，第一架“鹰狮”原型机39-2到达了基地）。塞特纳斯是主要的“鹰狮”训练基地，并成立了“鹰狮”训练中心，每个未来的“鹰狮”飞行员在被确定成为“鹰狮”飞行员前都要在这里接受训练。除此之外，1994年5月还在林彻平为F7联队的技术人员成立了维修培训机构。

尽管F7联队是第一个“鹰狮”作战联队，并在1993年6月8日就接到了第一架飞机，但直到1997年3月才被在塞特纳斯宣布可以完全用于作战任务。

1996年6月9日，瑞典空军为位于塞特纳斯的“鹰狮”训练中心举行了落成仪式，瑞典国王卡尔十六世致开幕词。实际上是介绍“鹰狮”未来的服役情况，尽管试飞还没有结束。

TU-39编写了“鹰狮”飞机教官需要的各种教材和文件，第一个开始训练的部队是F7联队的蓝队。六天后，“鹰狮”飞机39122在厄斯特松德（Ostersund-Froson）做了静展，截至6月17日，F7联队已经收到了22架“鹰狮”飞机中的18架，另外几架不久将收到。

从1997年9月8日至27日，瑞典空军举行了一次“鹰狮”飞机的作战演习，

这次演习调用了义务兵，以给他们提供飞机上的工作经验。演习结束后，10月1日正式宣布了第一个“鹰狮”作战中队。F7联队，斯卡拉堡空军司令部，由三个中队组成：一个JAS 39A“鹰狮”中队，一个AJS37“雷”式飞机中队和一个TP84“大力士”中队。第二个“鹰狮”中队计划在1998年初也在F7联队内开始用于实战。

据记载，F7联队的两个“鹰狮”中队被叫做红队和蓝队。蓝队在1997年秋天的一次演习后第一个成为作战中队，它的格言是勇敢、顽强。

1997年12月，19名飞行员聚集在马尔摩的军官食堂，重新发起了一项悠久传统（这一传统在“龙”式飞机和“雷”式飞机的飞行员中就已经存在），即确定“鹰狮”骑士团。要想成为这个勇士团体的一员，他必须是已经

上图：F7联队的JAS 39 A“鹰狮”39120和另外一架第一批的“鹰狮”飞机开始升空。由于国防预算的削减，首批生产型“鹰狮”不久就过时了，这一时间早于原计划的时间。

被宣布适合在空战这种高尚的艺术中驾驭“鹰狮”战斗机。这个团队由来自第一个作战中队的18名飞行员和时任瑞典空军司令并且是当时军衔最高的

下图：F7联队的飞行员直到1997年3月才改装到“鹰狮”飞机上，但是早期生产型“鹰狮”的前机身都喷涂着数字“7”。

肯特·哈雷斯考格（Kent Harrskog）组成。

“鹰狮”骑士团在F7联队内部有章程，并且每年都要在瑞典军衔最高的“鹰狮”飞行员的监督下评选一次骑士。

按照骑士的章程，一名空军飞行员，在他的职业生涯中可以得到11种不同的徽章，它们分别是：

1. 少于250飞行小时 —— 一个带有银白色“鹰狮”图案的蓝色徽章。
2. 多于250飞行小时—— 一个带有银白色“鹰狮”图案的蓝色徽章，上部还有两个银白色的短杠。
3. 多于500飞行小时—— 一个带有银白色“鹰狮”图案和银白色边框的蓝徽章。
4. 多于750飞行小时—— 一个带有银白色“鹰狮”图案和金黄色边框的蓝徽章。
5. 多于1000飞行小时—— 一个带有金黄色“鹰狮”图案和金黄色边框的蓝徽章。
6. 有资格的“鹰狮”教官—— 一个带有银白色“鹰狮”图案的蓝徽章，并且在“鹰狮”图案正上方有一颗银白色的星。
7. 国内飞行“鹰狮”时间最长的飞行员—— 一个带有金黄色“鹰狮”图案和边框的蓝徽章，并且在“鹰狮”图案的每个翼尖处各有一颗黄色的星。
8. 每个联队的最高首长—— 一个带有银白色“鹰狮”图案的蓝徽章，上部还有两个银白色的短杠，并且“鹰狮”图案的正上方和两个翼尖处各有一个银色的星。
9. 该作战区内军衔最高的“鹰狮”飞行员—— 一个带有银白色“鹰狮”图案和金黄色边框的蓝徽章，并且边框的四个角各有一个银色的星围绕着“鹰狮”图案。
10. 围绕盾的骑士（来自第一个作战中队和“鹰狮”骑士次序的发起方）——一个带有金黄色“鹰狮”图案和金黄色窄边框的蓝徽章，并且有18颗银色的星围绕在“鹰狮”图案周围。
11. 国内军衔等级最高的“鹰狮”飞行员（肯特·哈雷斯考格第一个获得此徽章）—— 一个带有金黄色“鹰狮”图案和金黄色窄边框的蓝徽章，“鹰狮”图案的中央有个银色的大星，边框的四个角各有一颗银色的星围绕着“鹰狮”图案。

肯特·哈雷斯考格将军在2001年巴黎航展上宣布，他将在2002年8月把他从1997年12月晚上开始任职的头衔移交给现任的瑞典空军司令、训练总监玛斯·尼尔森将军。

右图：F7联队在成为“鹰狮”作战联队之前，参加了一次重要的演习，天空中到处都是“鹰狮”飞机，照片中可以看到14架“鹰狮”飞机。

F7联队的最后一批“雷”式飞机在1998年10月退役。F7联队的第二个中队红队在1999年1月1日成为“鹰狮”作战中队，它的格言是首当其冲。

直到2000年初，F7联队收到双座JAS 39B “鹰狮”战斗机时，才结束了依靠模拟器或单座“鹰狮”训练新飞行员的时代。由于所有未来的“鹰狮”飞行员都由F7联队来训练，所以给它配备了昂贵的MMS和FMS模拟器。训练设备费用的不断增加是最终选择集中培训的主要原因。F7联队也是第一个在部队服役时损失一架“鹰狮”的联队。

F10联队的斯堪斯卡空军司令部

1995年8月5日，位于恩厄尔霍尔姆的F10联队庆祝了它的50周年纪念日，同时“龙”式飞机也将庆祝它成功首飞的40周年纪念日。一个主要的航空展上，39101“鹰狮”出现在了静展场地。由于瑞典不再允许试验机进行飞行表演，所以该飞机不得不停在地面上。

一旦决定把位于恩厄尔霍尔姆空军基地的F10联队改装成第二个“鹰狮”联队，那儿的基础设施也将必须适应新的机型。从1996年开始准备，并在1998年6月25日瑞典政府同意再投资1.9亿瑞典克

左图：装备DWS 39子母弹、Rb75“小牛”反舰导弹和Rb74空空导弹的F7联队的JAS 39AS 39153和39157 战斗机正在瑞典上空巡逻。

上图：F7联队的两架都涂装了低可见配色方案的JAS 39A“鹰狮”战斗机39140和39170，它们携带了用于空战和攻击的弹药。

朗用于基础设施，包括新机库、工房和对飞行斜坡的改造。

1998年12月，F10联队最后一批作战型J35J“龙”式飞机退役，从此这个联队开始准备迎接“鹰狮”飞机的到来。最后的“龙“式飞机曾经服役的约翰蓝队自然成为第三个“鹰狮”作战中队。飞行员从1999年3月11日开始训练。

头两架“鹰狮”在9月30日正式移交给了F10联队，当时移交飞机的两个飞行员克里斯特·韦斯特朗（Christer Westerlund）和安德烈·布兰斯特罗姆（Andre Brannstrom）正式将他们各自飞机的航行日志交给了F10联队司令谢尔·欧菲威尔伯格（Kjell Ofverberg）。两架飞机（39134和39165）都是单座的，以前在位于塞特纳斯的F7联队服役。

下图：F7联队的两架JAS 39A“鹰狮”战斗机39155和39187沿着瑞典海岸线巡逻。

瑞典空军的重组计划，使其不能确定这两架飞机和其他的“鹰狮”在恩厄尔霍尔姆能呆多久，因为该基地面临着关闭。决定关闭恩厄尔霍尔姆基地是由于该基地位于瑞典的南部，在那里民用空中交通的级别在不断提高，军队不得不与它们竞争空域航线。但是，北方就不存在此问题，和南方相比，北方的人口较少，这就减少了低空飞行训练造成的环境问题的影响。

最终的决定是有道理的，因为国家的各个方向都得到了均等的防御。东西南北方向各有两个联队，每个联队负责两个方向的防御。

F10联队负责“鹰狮”的技术适航性。在2000年5月15日前，空中安全和保卫一直都是由F7联队负责的，但是从那天开始，按照军用航空规则，F10联队成了第二个有资格执行此项任务的“鹰狮”联队。

2000年2月，首批8名来自约翰蓝队的飞行员结束了他们在F7联队最初的“鹰狮”训练，重返F10联队，在F7联队教官的监督下，在他们自己的基地开始了另外12个月的训练（instruction）和改装（conversion）。不久后，在3月30日，瑞典议会决定在2003年关闭F10联队，这意味着F10将是时间最短的“鹰狮”使用者。这个决定并没有被轻率地执行，因为自从1996年第一次分配资金以来，政府在该基地的基础设施上投资了大笔资金（超过3.57亿瑞典克朗）。

从2001年初开始，约翰蓝队成为“鹰狮”作战中队，随后红队在当年也开始成为“鹰狮”作战中队，该中队取代了原来的AJS37“雷”式战斗机中队。尽管约翰红队计划把飞机转给位于吕勒奥（Lulea）的F21联队，并且F21联队计划在2000年秋天在F7联队开始它的改装计划。但是，计划被改变了，斯堪斯卡空军司令部的“鹰狮”从2002年开始被

右图：一个“鹰狮”飞行员在他的职业生涯中可以获得的各种不同的徽章。

上图：F7联队的“鹰狮”从在瑞典上空举行的多机训练中返回。

移交给了龙纳比-卡灵厄F17联队。

恩厄尔霍尔姆基地原计划在2003年6月30日最终关闭。在F10联队消失前，来自F10蓝队的六架“鹰狮”有机会到位于拉格的德国机场进行一次交流访问，该机场属于德国空军的731中队和米格-29S中队。这次交流为“鹰狮”快速反应部队奠定了一定的基础（瑞典空军的快速反应部队是在国际危机中，可以在任何时间去任何地方的部队），这是“鹰狮”中队第一次与国外飞机一起训练。

F17联队的布莱金厄空军司令部

F17联队成立于1946年，当时基地建立在龙纳比。字母表中第17个字母“Q”的瑞典语发音是昆塔斯（Quintus），所以F17联队中队的无线电呼叫代号称作昆塔斯红队和昆塔斯蓝队。在2002年6月14日，F17联队接收了第一批“鹰狮”，大部分飞机和人员来自于F10联队。2002年6月19日，一个全新的F17联队空地勤人员进行了首次“鹰狮”的作战飞行，此次飞行后，由前F10联队组成的机组人员都已经走了。

F21联队的北博滕空军司令部

为F21联队配备的第一批“鹰狮”在2001年抵达，但是由于第二中队在F10联队接受训练的飞行员还没有结束培训，所以这些飞机将用来培训地勤人员和技术人员。

第一批给F21联队的两架作战型单座“鹰狮”飞机39165和39190于2002年1月17日在吕勒奥着陆，并计划在“城

左图：两架单座和一架双座“鹰狮”：来自F7联队的双座39802和单座39152、39166飞机在一起飞行。由于JAS 39B是同系列飞机中的后来者，所以大多数飞行员在转到驾驶“鹰狮”飞机时都是在JAS 39A单座飞机上首次飞行的。

图①：F10联队的蓝队是最后一个飞行J35“龙”式飞机的联队，是第三个改装到“鹰狮”的作战中队。

图②：F10联队的红队将成为使用“鹰狮”时间最短的作战中队。

图③：F17联队的红队徽章带有小的红色字母Q。

图④：F17联队蓝队设法在徽章中两次使用了字母“Q”：一次是背景的蓝色，另一次是徽章的外形。

图⑤：F21联队的红队徽章中有个“狼”，这使它与其他中队徽章中的“鸟”不同。

图⑥：F4联队的红队徽章里有个黑色的正在吐火的龙，该中队大约在2004～2005年被提名为“鹰狮”的作战中队。

市”（Urban）蓝队服役（F21联队的无线电呼号是“城市”，对应于瑞典语音字母表的第21个字母）。“鹰狮”39165曾经在F7联队和F10联队服役过，并且也是第一批加入F10联队的两架飞机之一。

这两架飞机的到来意味着第三个“鹰狮”联队成为现实，并计划下一周在F21联队的基地开始投入作战使用。F21联队的基地也用于在“雷”式飞机上训练奥地利飞行员。

“城市”红队是瑞典空军的快速反应部队，该部队也是奥地利飞行员驾驶“雷”式飞机的地方。当瑞典空军快速反应部队的职能被“鹰狮”接管的时候，红队可能将换装，但是如果出口客户被提供或获得最初计划进入瑞典空军服役的“鹰狮”，情况可能会变。瑞典空军必须支持国家的航空工业，这就意味着要比原计划更晚的时候接收“鹰狮”飞机。

F4联队的耶姆特兰空军司令部

F4联队，剩下的四个联队之一，正在准备接收“鹰狮”（机库在2002年就准备好了），但是它可能也受到了“鹰狮”未来出口成功的影响。F4联队的红队和蓝队的飞行员都不得不继续等待，看看他们什么时候能接收到新飞机。

上图：老式飞机和新型飞机：F7联队的JAS 39A 39131 和F10联队的J35J“龙”式飞机在一起飞行。“龙”式飞机的垂尾和机翼上的50用于表示F10联队1995年8月5日50周年纪念日。

右图：一架“鹰狮”从快速反应警戒机库中驶出。它能从简陋的机场起飞的特点将成为其加入快速反应部队的优点。

下图：JAS 39A “鹰狮”39165、39169和39173位于F10联队的恩厄尔霍尔姆基地的机场维护工作区。在“鹰狮”到达基地前，基地的基础设施进行了升级和扩展，但是这个基地后来被关闭了。

第9章 “鹰狮”战斗机的飞行事故

“鹰狮”战斗机在它的研制过程中失去了一架原型机和一架生产型飞机。发生第二次坠机事件时有7架可飞行的飞机，这7架飞机是5架单座原型机和2架首次交付的生产型飞机（其中一架飞机用来代替已损毁的原型机，以此来加快已推迟的计划）。1999年，“鹰狮”战斗机遭遇了它在瑞典空军服役期的第一次坠机事件，这个不幸的事件破坏了该飞机在过去5年中所保持的令人印象深刻的安全飞行记录。

通过对比瑞典空军各型战斗机在使用寿命期间的坠机数量，能够看出瑞典“鹰狮”战斗机优越的性能。J29飞机服役期为1951年至1970年，在19年的服役期中共有190架飞机坠毁。J32飞机服役期为1955年至1997年（其中有一小部分在瑞典国防装备管理局服役到1999年），在42年的服役期中共有118架飞机坠毁。“龙”式战斗机从1960年开始服役，直至1998年在最后一个中队退役，在这38年服役期中共有118架飞机坠毁。“雷”式战斗机从1971年开始在瑞典空军服役，计划在2003年至2004年之间，这些“雷”式战斗机逐步被“鹰狮”战斗机所取代，在这30多年的服役期中，“雷”式战斗机共有43架飞机坠毁。迄今为止，“鹰狮”战斗机与以上这些数据比较，除了人为因素外，可以称得上“物有所值”。

“鹰狮”战斗机的事故

第一架原型机的损毁

在“鹰狮”原型机39-1飞行前的地面试验过程中记录了燃油工作系统的虚警信号。这个问题是要在飞行试验过程中进行验证的，并且由试飞员拉尔斯·罗德斯壮（Lars Radestrom）负责这个系统，他成为了第三个试飞"鹰狮"原型机的试飞员。

1989年1月12日，进行了燃油系统的压力测试，而其他一些试验则在1月24日进行。计划在1989年2月1日进行第六次试飞，但是由于天气恶劣，飞行计划推迟到第二天。该次试飞计划是由两架伴飞飞机监控"鹰狮"原型机的试飞，其中一架J32的飞行员是阿恩·林德霍尔姆（Arne Lindholm），阿恩·林德霍尔姆已有两次驾驶"鹰狮"飞机飞行的经验；另一架SH37型飞机的飞行员是雅尔·吉塞尔曼（Jard Gisselman）。

1989年2月2日11时27分，试飞员拉尔斯·罗德斯壮首次驾驶"鹰狮"原型机39–1进行第六次试飞。在飞行过程中，拉尔斯·罗德斯壮实施了紧急迫降。44岁的拉尔斯·罗德斯壮，凭借其丰富的飞行经验，在着陆滑行过程中，试着再次让飞机起飞，然而，飞机与地面发生了碰撞，飞机的左主起落架折断，并且天线罩损坏，然后飞机反弹，滑行并半滚跃升倒转穿越跑道。

幸运的是，拉尔斯·罗德斯壮只受了轻伤——除了胳膊骨折和受到剧烈震荡外，他一切都好。由于"鹰狮"原型机已无法继续飞行，拉尔斯·罗德斯壮尝试弹射，但是"鹰狮"飞机已经结束倒滚状态。这是拉尔斯·罗德斯壮职业生涯中的第一次飞行事故，在此之前，拉尔斯·罗德斯壮已安全飞行各类飞机共计4032飞行小时。

由于机载飞行记录设备没有受到损

下图：第一架"鹰狮"原型机第六次试飞失事前的照片。

坏，地面遥测设备所记录的数据，以及萨伯公司和一家电视台正在拍摄飞机着陆的影片资料都是可用的，因此，这次事故的原因很快便被找到。

事故分析表明，事故原因是飞行控制系统的软件存在设计缺陷。特别是在这次飞行试验过程中，飞行控制系统的软件中俯仰控制程序的缺陷导致的诱发震荡问题引起人们关注。

瑞典事故调查委员会（SHK）和瑞典国防装备管理局对萨伯公司试验部提出了批评，他们认为，应该让一位具有足够驾驶经验的试飞员进行第六次试飞，而拉尔斯·罗德斯壮是首次驾驶“鹰狮”原型机。另外两位试飞员已经分别驾驶过“鹰狮”原型机39-1：试飞员斯蒂格·霍姆斯特姆（Stig Holmstrom）在前三次试飞中驾驶过“鹰狮”原型机，试飞员阿恩·林德霍尔姆分别在第四次和第五次试飞中驾驶过“鹰狮”原型机。

在第六次试飞时，“鹰狮”原型机在翼尖处携带有模拟的“响尾蛇”空空导弹，也是第一次，萨伯公司为了使照相吊舱更易操作，且在遭受可能超过飞机限制值的巨大侧风时不易受到影响，而对飞机采取了加固措施。事实上，瑞典事故调查委员会认为，侧风着陆已经超出了这个限制。萨伯公司认为这次飞行事故的发生会影响到整个飞行试验计

下图：与后续“鹰狮”战斗机相比较，早期的生产型 “鹰狮”战斗机（如39102）在补给基地上有很大差异。如果这些第一代“鹰狮”战斗机的构型被认为具有成本效益，则这样的飞机构型会作为后续飞机生产的标准。

划，但这也会促使新型军用飞机不断改进。

瑞典事故调查委员会指出，萨伯公司和瑞典国防装备管理局应该利用美国爱德华空军基地所储备的大量适用的飞行技术知识来防止事故的再次发生。因此，在这次飞机失事后，萨伯公司被获准进入一些特殊的专业部门，如使用洛克希德公司的NT-33A测试平台，对第二架"鹰狮"原型机所装载的飞行控制系统软件做一些重要修改。这次测试计划分别历时78飞行小时和74.6飞行小时，并且用超过350飞行架次模拟了撞击着陆过程中所经历的情况。

NT-33A测试平台一直被用于解决许多美国战斗机和以色列"幼狮"战斗机上飞行控制系统所遇到的问题，印度轻型战斗机也曾使用过。然而，这其中最大的区别是：NT-33A测试平台用来解决"鹰狮"原型机所遇到的问题是在其飞行试验计划开始之后，而其他公司则是在开始飞行试验前就已经用该系统获取一些信息，以防止价格昂贵的原型机发生飞行事故。

第二架生产型"鹰狮"战斗机的坠毁

1993年8月8日，试飞员拉尔斯·罗德斯壮又被卷入另一场"鹰狮"战斗机的坠机事件中。在为斯德哥尔摩泼水节进行的飞行表演中，拉尔斯·罗德斯壮正驾驶一架编号为JAS 39A 39102的生产型"鹰狮"战斗机飞行，忽然间，他失去了对飞机的控制，别无选择，他只好进行弹射，弃机跳伞。神奇的是，虽然该架"鹰狮"战斗机穿越了城市的中央地带，并且城市中央聚集了许多过节的人群，但并没有人在该次事故中受伤。颇具讽刺意味的是，因为这个原因，"鹰狮"战斗机被贴上"世界上最安全飞机"的标签。

两个月前，坠毁的JAS 39A 39102飞机刚作为第一批生产型"鹰狮"战斗机交付瑞典空军；在这架飞机失事前，它已经完成了51个飞行起落。由于瑞典空军没有自己的表演飞行员，因此萨伯公司的飞行员拉尔斯·罗德斯壮参加了这次飞行表演。他这样描述弹射前的感觉："就像坐在一块热马铃薯上的黄油。"飞机坠毁后，所有"鹰狮"战斗机暂时停飞，等待瑞典事故调查委员会的另行通知。同时，这也是拉尔斯·罗德斯壮作为"鹰狮"试飞员的最后一次飞行，因为他已经到了试飞员年龄限制的50岁。

8月18日，瑞典事故调查委员会公布这次飞行事故的初步调查结果。事故原因是飞机的飞行控制系统对驾驶杆输入的响应过于放大，再加上飞行员快速和频繁地使用驾驶杆，导致飞机的稳定裕度超过了飞机的限制，最终导致飞机失速。主要结论是：

- 在飞机失事前，唯一发生故障的设备是电子航图，该故障与飞机坠毁无关。
- 在飞机失事前，飞行控制系统、发动机和所有其他系统工作正常。
- 没有任何外在的原因值得怀疑。
- 飞行员的训练和装备都是正确的。
- 微量超过飞机飞行最低高度和最大迎角的限制，不会导致飞机失事。
- 制造商和客户都知道，快速和频繁地使用驾驶杆可能导致飞机产生发散的驾驶员诱发震荡，但是考虑到这种情况发生的概率非常小，因此，该情况没有事先告知飞行员。
- 红色告警灯的亮度已达到饱和状态，此时飞行员想要通过操作飞机控制系统避免飞机失速已为时太晚。
- 在低空，886英尺（270米）时，飞行员根本来不及恢复对飞机的控制。

瑞典事故调查委员会在1993年12月6日发表其最后的事故调查报告，证实事故原因是：

- 飞行控制计算机在事故中严重受损，但所有的碎片都可以找到，内存电路可以识别，这使得飞行控制计算机中所记录的数据可以正确读取。这意味着，可以提供飞机坠机时完整的操纵数据，并作为有效的调查依据。
- 飞行表演计划内容不符合飞行试验计划规定的目标，并且在飞行手册中只提供了其所规定的飞机离场方式。
- 飞行员的操作超出了飞行表演所设定的极限范围，虽然这并不会直接导致这次事故的发生。
- 通过充分分析飞机复杂的控制律后，可以认为这些控制律是有问题的。
- 在整个飞行包线内，舵面移动速率限制的影响还没有得到充分研究。
- 在飞机上还没有成功地对驾驶员诱发震荡进行验证。
- 在使用飞行模拟器进行训练时，驾驶杆的操作方式太少，这与操作真实飞机有所不同。
- 研究表明，在模拟环境中，“鹰狮”战斗机失速时的迎角有可能小于20°。
- 在飞机低速左转时，自动横滚修正是不连续的，此时飞机会自动将迎角设置在超过20°的位置。但是驾驶杆必须保持在右侧2°位置，以保持稳定的倾斜角。

- 在使用飞行模拟器进行训练时，驾驶杆移动至右侧极限位置时所发生的情况与真实飞机一致，但是驾驶杆已经向右产生了2°位移，当真实飞机上的驾驶杆移动到最大极限位置时所产生的高速率横滚值高于模拟训练时。

第二次飞机坠毁的主要原因，简单来说就是由飞行员指令、驾驶杆的性能、控制律和舵面的限制引起的。次要原因是，这架生产型“鹰狮”战斗机在某些方面与“鹰狮”原型机有所不同，但飞行员还没有完全了解其中不同之处：

1. 这架“鹰狮”战斗机更轻，因此推重比更高，俯仰控制更不稳定。
2. 驾驶杆的输入阻尼更低。
3. 驾驶杆的移动会产生较大的俯仰输入，导致飞机俯仰速率增加过快。
4. 由于飞机重量分布不均，所以要求当自动横滚修正不连续时，驾驶杆应保持在右侧2°位置，以保证飞机有稳定的倾斜角。

“鹰狮”战斗机在服役期间的首次坠毁

1999年9月20日14时22分，两架JAS 39A“鹰狮”战斗机（编号为39128和39156）从塞特纳斯起飞进行一次例行演习。他们在维纳恩湖上空执行一项一对一的低空对抗训练。飞行长机为目标机，另一架为攻击机。目标机应该在高度656英尺（200米）并以马赫数0.66的速度飞行。在这次特殊的演习过程中，目标机在攻击过程中不能超过6*g*或17°迎角；也不能在目视到攻击机时开始进行规避机动飞行。

两架飞机在没有通信的情况下开始演习。编号为39156的攻击机快速地建立雷达通信，在5英里（8千米）的距离时，目视发现目标机并开始采取战斗演习。两架飞机迎面相遇数次。经过大约1分钟机动，由于攻击机飞得过于接近目标机的尾部，所以，飞行员回避爬升机动动作，而是采取指示空速约为249英里/时（400公里/时）的急速俯冲盘旋。然而，攻击机的这个机动动作，由于受到目标机尾部涡流的影响，导致加大了一种不利的俯仰姿态，在大约3281英尺（1000米）高度垂直俯冲，并离开目标机。

近地告警系统对攻击机所采取的机动动作发出告警，但是在如此低的飞行高度，飞行员无法执行系统提出的建议，飞行员决定进行座椅弹射。在飞机起飞后的10分钟内，29岁的飞行员理查德·马特森（Rickard Mattson）在距维纳恩湖于拉岛约4.5英里（7千米）处从飞机座舱弹射。他降落在水中，并被目标机的飞行员发现。14时59分，理查德·马特森被“超级美洲豹”直升机救出，当时的水温为15℃。理查德·马特森，在他的职业生涯中曾驾驶编号103的“鹰狮”战斗机飞行1063飞行小时。

在水下262英尺（80米）处发现了飞机的一个应急定位发射机（ELT）。为确保整个事故原因得到全面调查且防止其他感兴趣的机构从飞机残骸中获取信息，进一步的打捞工作立即开始。不久后，公布了初步的事故调查报告，所有“鹰狮”战斗机再次暂时停飞，直到事故调查原因表明飞机在技术方面的故障不会引发“鹰狮”战斗机的坠毁。

这是失事的第三架“鹰狮”战斗机，也是生产型在服役中失事的第一架。寻找黑匣子，即飞行数据记录器的过程十分漫长。2000年5月中旬，70%的飞机残骸被打捞出来并存放在塞特纳斯的维修机库内。2000年12月12日，飞机其他部分的残骸也被找到，通过应急定位发射机，在水下50英尺（15米）处发现了飞行数据记录器。最后所有被找到的飞机残骸占飞机的74%，其中包括发动机。

这架飞机发动机的生产编号是12.121，它于1994年11月15日被送到萨伯公司并安装到编号为39123的“鹰狮”战斗机上（后来这架飞机在1996年3月7日交付给瑞典空军）。它总的飞行时间达到了195.3小时，1997年，这台发动机在“鹰狮”39123战斗机上进行了C类维修服务。在D类维修服务时，这台发动机被送到沃尔沃公司进行一些改进改型，之后这台发动机就被安装在新生产的编号为39156的“鹰狮”战斗机上。

在交付给瑞典国防装备管理局进行验收试验前，39156飞机已完成了7次飞行试验。其中4次飞行试验没有发现任何问题，其他3次飞行试验仅有一些不太严重的问题，这些都不会导致这次飞行事故的发生。然后这架飞机转场到瑞典国防装备管理局，再次进行了15个飞行架次试验后，转场到F7联队。

由于这架飞机已经离开装配生产线，所以没有贯彻A类改进改型指令（该项指令的类型为“要求”类，而非“强制”类）。A类改进改型指令包含有一些主要和次要的改进改型指令，所以从编号39103至39176的所有生产型飞机状态有两种标准。为使这些飞机达到统一的状态标准，需要根据飞机离开装配线的时间来决定其工作量；编号为39103的“鹰狮”战斗机所需的工作量最多。在2001年11月，所有批次的“鹰狮”战斗机都要执行A类改进改型指令。

“鹰狮”战斗机的近地告警系统根据危险等级，分为四个级别的警告：

A级：所有显示器（下视显示器和平视显示器）上都有告警箭头的指示，并伴有持续灯光和3秒“PULL UP”语音告警。此时，飞行员可以使用飞机80％可用升力来执行飞机拉起机动。

B级：告警灯光开始闪烁，飞行员只有大约1.5秒的时间来完成飞机拉起机动；语音告警达到最大音量。

C级：先发制人的飞机机动时间已经过去。此时飞行员必须至少用飞机80％可用升力来完成飞机拉起机动。如果飞行员操作得当（例如采取适当的拉升力），近地告警系统的显示符号会根据飞机速度矢量的改变而指示到安全飞行高度。

D级：在这个阶段使用80％的机动载荷限制不足以规避危险，近地告警系统的显示符号（两个箭头朝上，底部通过一个线条连接）开始增加，所需的过载在显示器底部用数字形式标识。在飞机即将坠毁前，飞机发出D级告警，提示飞行员飞机过载超过10g，飞行员必须弃机弹射。

瑞典事故调查委员会的调查信息主要来源于飞行数据记录器。根据事故报告，由于目标机涡流和其他因素的影响，使得测试设备和近地告警系统被干扰。飞行数据记录器的数据显示，在飞行员弹射前，近地告警系统发出了A级和B级告警，而在飞行员弹射时，近地告警系统发出了C级告警。

攻击机飞行员在飞行过程中穿越了目标机尾部的涡流，但他没有从驾驶杆上得到应有的响应，而是近地告警系统发出D级告警，因此飞行员决定弃机弹射。在事故发生之前，目标机也保持与攻击机大致相同的机动动作，然而并没有遇到“鹰狮”39156战斗机的问题。

事故调查报告中技术报告的作者奥洛夫·诺润（Olof Norén）说，引起近地告警系统功能失效的原因可能是由于二次空速管安装在垂尾中间位置而引起的压力干扰所导致。瑞典事故调查委员会向瑞典国防装备管理局提出以下10条建议：

上图：目标飞机39128，在1998年9月20日完成重要任务后返回基地。就是这架飞机造成的干扰导致39156飞机上的飞行员收到错误的告警。

1. 研究"鹰狮"战斗机在飞越所有类型和不同大小的涡流时，涡流对飞机所产生的影响。应优先考虑飞机大幅度机动下降并用大气模型模拟涡流强度。同时，这些研究结果和所取得的经验应该在"鹰狮"战斗机飞行手册中明确，并且应清楚地解释由于涡流造成的气动干扰所产生的后果。
2. 瑞典国防装备管理局应调查在极端的紊流和涡流条件下，近地告警系统的功能所发生的任何变化，并写入"鹰狮"战斗机飞行手册中。
3. 瑞典国防装备管理局应确保飞行员在培训时能获悉这些知识。
4. 在培训手册中应增加风险分析的内容。
5. 瑞典国防装备管理局应改进弹射座椅的手臂约束系统，使之符合设计要求。
6. 改进救生筏电池，使其更适合瑞典环境条件（即湖泊含盐的程度较低）。
7. 瑞典国防装备管理局应就紧急弹射状态时的正确程序和设备对飞行员进行培训。
8. 飞行数据记录器应安装在飞机发生紧

急情况时也不易损坏的位置，并且要把应急定位发射机放置在飞行数据记录器内，以便在飞机失事后，更容易找到飞行数据记录器。

9. 瑞典国防装备管理局应该重新检查飞行数据记录器记录的容量，以及在多长时间间隔被记录。这将有助于今后的事故调查。适当增加飞行数据记录器内存证明了这一点。

10. 瑞典国防装备管理局应该淘汰现在飞机上所安装的Hi-8视频系统，使用不会因海水浸泡而损坏的新设备。

第10章

"鹰狮"战斗机的销售竞逐

1994年2月11日，英国国防部长马尔科姆·列坎德（Malcolm Rifkind）和瑞典国防部长安德斯·比约克（Anders Björck）在斯德哥尔摩签署了一份谅解备忘录，该备忘录就两国国防工业在现有的和新的项目上共同开发、生产、销售提供了一个框架。这促使了两国进一步的协商与合作，在1995年初，萨伯公司与英国宇航公司就"鹰狮"战斗机项目达成合作伙伴关系。

1995年6月12日，萨伯公司签署了一份"鹰狮"战斗机出口市场营销发展协议，同年在巴黎航展上，英国宇航公司成为萨伯公司最大的外资合作伙伴。英国宇航公司在其广泛的营销领域中有着更广泛的客户基础，并且在出口"鹰狮"战斗机的工作中，55%的工

下图：航展和其他飞行活动所进行的飞行表演用来为支持飞机出口做努力，翼尖上挂载的烟雾弹有助于观看者更好地跟踪飞机。

作由萨伯公司来完成，45%的工作由英国宇航公司完成。飞机也不再仅限于JAS 39"鹰狮"战斗机，而是所有萨伯公司生产的"鹰狮"战斗机。合作也不仅限于这些，在1998年，英国宇航公司购买了萨伯公司的一个重要部门，使英国宇航公司有了更大的动力去促进飞机发展。

2001年9月3日宣布，萨伯公司和BAE系统公司（原英国宇航公司）之间的合资企业重组为一家公司，称为鹰狮国际公司。鹰狮国际公司分别在瑞典和英国设立了办事处。然而，这一声明有些为时过早，因为鹰狮国际公司的成立直到2002年才实施完成。

澳大利亚

1999年5月，澳大利亚政府开始寻找新的防御系统，该计划不只是用来取代F-111战斗机和F/A-18战斗机，而是这两型飞机所构建的整个防御系统太昂贵了。这项计划被称为"AIR 6000"。在2002年1月31日，萨伯公司宣布，它已经就澳大利亚国防部有关结合"鹰狮"战斗机和无人机一同构建新的网络中心防御结构的信息请求给予回复。该系统将在2012年推出，同时萨伯公司指出，即使在和平时期，该项防御系统也是十分节约资金的。F/A-18战斗机将在2012年至2015年从澳大利亚皇家空军退役；F-111战斗机将在2015年至2020年逐步退役。

考虑到其他一些飞机，如"台风"战斗机、"飓风"战斗机、F/A-18E/F"超级大黄蜂"战斗机、最新式的F-16C"战隼"战斗机、F/A-22"猛禽"战斗机、F-15C"鹰"战斗机、F-35"闪电"II战斗机和一种苏霍伊设计局正在研制的飞机。最终，澳大利亚政府宣布决定加入F-35"闪电"II战斗机项目，官方的观点是：F-35"闪电"II战斗机拥有其他飞机所没有的作战能力。

奥地利

自从奥地利空军使用了萨伯公司生产的J29"飞行酒桶"飞机、J35"龙"式战斗机和萨伯105喷气教练机后，奥地利可以称得上是萨伯公司最忠诚的客户。在1985年奥地利政府购买了J35"龙"式战斗机时，瑞典已经开始准备JAS 39"鹰狮"战斗机的研制工作，在展望未来发展时，萨伯公司表示，新式的战斗机将会取代"龙"式战斗机。"龙"式战斗机的处理过程包括相当多的弥补工作，在2002年初，据估计这一工作的成本已超过原合同的160%。

"鹰狮"单发战斗机与其他国家单发战斗机的比较

单发战斗机	米高扬设计局米格–21战斗机	霍克公司"猎鹰"战斗机	达索航空公司"幻影III"战斗机	阿特拉斯公司"猎豹"战斗机	美国通用动力公司F–16A"战隼"战斗机	萨伯公司"龙"式战斗机	萨伯公司JAS 39"鹰狮"战斗机
空重/千克	5450	5501	7050		7070	8250	6622
最大起飞重量/千克	8725	10885	13700		16057	12270	12473
内部燃油/升	2880	2390	2288		4000	3000	
最大副油箱/升	1750		3400	3400		5000	3300
最大挂载弹药/千克	2000	3357	4000	4000	5443	2900	6500
发动机推力/千牛							
干推力	40.2	4600	41.97	49.03		56.89	
加力推力	69.7		60.80	70.82		78.51	
航程/千米	1470	2965	4000		3887	2840	3500
使用者	捷克、波兰	瑞士	巴西	南非	荷兰、挪威	奥地利	瑞典

"鹰狮"飞机与其他国家双发战斗机的比较

双发战斗机	美国赛斯纳飞机公司"蜻蜓"战斗机	诺斯罗普公司F5"自由斗士"战斗机	米高扬设计局米格–29战斗机	麦道公司F–18A战斗机	萨伯公司JAS 39"鹰狮"战斗机
空重/千克	2817	4349	10900	10455	6622
最大起飞重量/千克	6350	11187	18500	22328	12473
内部燃油/升		2563	4300	6140	3000
最大副油箱/升	1512	3120	3800	7710	3300
最大挂载弹药/千克	1860	3175	3000	7711	6500
发动机推力/千牛					
干推力	2×12.68	2×15.5	2×49.42		12141
加力推力		2×22.2	2×81.39	2×71.2	18105
航程/千米	1628+	3720	2100	2130	3500
使用者	智利	巴西	匈牙利	澳大利亚	瑞典

从一开始，JAS 39"鹰狮"战斗机就是为了替代第二代和第三代战斗机，从替换瑞典空军中剩余的"龙"式战斗机和"雷"式战斗机开始，为了达到这个目标，在不损失作战能力和通用性的前提下，"鹰狮"战斗机的重量量级和发动机的数量对降低成本是非常重要的因素。上表对"鹰狮"飞机与世界不同国家（这些国家是萨伯公司和鹰狮国际公司认为的可能是"鹰狮"的潜在用户）单发和双发第二代和第三代飞机进行了比较。多年以来，为了向"鹰狮"战斗机提供研发和生产资金，萨伯公司一直在努力争取更多的出口订单。

20世纪90年代，奥地利的国防预算被严重削减，1999年，奥地利空军参谋部主任布里格·约瑟夫·贝内克（Brig Josef Bernecker）认为在2005年之前更换“龙”式战斗机是不可能的，因为奥地利计划在当年底进行选举。

为了帮助奥地利“龙”式战斗机能服役到2005年，1999年5月底和6月初，多于5架飞机从恩厄尔霍尔姆的 F10联队被转场到奥地利，以便为奥地利提供其急需的备件和结构件。在此期间，为帮助飞行员培训，推出了一项交流计划：即奥地利“龙”式战斗机飞行员可以在瑞典的F21联队使用“雷”式战斗机飞行100小时。当时，“雷”式飞机是第三代飞机，它要比奥地利使用的“龙”式飞机先进。

1997年3月，由两名飞行员和飞行工程师组成的奥地利防空预估工作组，在JAS 39B“鹰狮”双座战斗机上飞行了9个架次，并且在萨伯公司的各种战术技术模拟器上记录了大约50小时。埃里克·沃尔夫准将（Erich Wolf），曾驾驶过所有与“鹰狮”战斗机竞争的机型（“幻影”2000–5、F–16C/D、F/A–18C/D），他认为，“鹰狮”战斗机在许多方面都超越了早期的“龙”式战斗机。每位飞行员都与后座上的“鹰狮”试飞员奥拉·黎格奈（Ola Rignell）在“鹰狮”战斗机上完成了4个架次的飞行。

下图：两架奥地利空军的老式J35OE“龙”式飞机与F7联队的“鹰狮”飞机组成了一场“三重奏”。因为奥地利是“龙”式飞机的老用户，因此瑞典人把奥地利当做“鹰狮”飞机的一个理想用户。不幸的是，奥地利出乎意料地最终选择了18架欧洲战斗机作为替代方案。

瑞典和奥地利也以其他方式联合工作。奥地利空军武器训练唯一可行的方法是在奥地利本土之外进行。因此，在1998年9月15日和10月6日之间，奥地利空军武器训练在瑞典的维德塞尔试验场进行，这次飞行任务从恩厄尔霍尔姆起飞。这已经不是奥地利空军第一次使用维德塞尔试验场来完成空军武器训练，其在1990年、1991年和1993年也曾在这里完成其年度训练。

2000年6月30日和7月1日，在奥地利采尔特维克（Zeltweg）空军基地举行的航展上，萨伯公司为了使“鹰狮”战斗机留下更好印象，特地将编号为39141的“鹰狮”战斗机作为静态展示飞机，而编号为39162和39172的“鹰狮”战斗机参加了飞行表演。

2000年，由一个极端右翼政党组成了奥地利的新政府，尽管两国之间的政治关系减少，但是奥地利和瑞典空军仍继续在一起工作，这意味着奥地利飞行员仍然可以在瑞典进行训练。

然而，奥地利新任国防部长赫伯特·沙伊普纳（Herbert Scheibner）说，“龙”式战斗机已经超过其使用寿命，所以需要进行更换。他还说，满足奥地利国防需求的飞机有5种机型：F-16C/D、F/A-18E/F、“幻影”2000-5、米格-29和“鹰狮”战斗机，他较为倾向于新型装备。所有飞机都已被奥地利空军进行了试飞，其中，两种机型“幻影”2000-5和“鹰狮”战斗机是在奥地利本土进行的试飞。

由于奥地利十分急切地需要一种新型战斗机，同时也需要一些过渡类型的飞机，因此在2001年2月4日前将会公布最终会购买哪种类型的战斗机。萨伯公司提出由“雷”式战斗机作为其过渡时期的飞机，因为一些奥地利飞行员已经在该型飞机上接受过训练，在过渡期后，奥地利空军可以接收第三批标准型“鹰狮”战斗机。

鹰狮国际公司的“鹰狮”战斗机、达索航空公司的“幻影”2000-5战斗机、洛克希德·马丁公司的F-16C/D战斗机和波音公司的F/A-18E/F战斗机都收到了奥地利的需求信息。在2001年1月中旬的招标也邀请了欧洲战斗机公司。招标结果计划在2001年3月底公布，按照当时奥地利空军总司令贝内克（Bernecker）的说法，虽然他十分倾向于“鹰狮”战斗机，但排除其他竞争飞机的做法是不合理的。

1月22日，瑞典团队提交了临时信息，其内容是提供24架单座和6架双座“鹰狮”战斗机并附带训练奥地利飞行员，训练地点可以选在奥地利，也可以像训练“龙”式战斗机的飞行员一样，选在瑞典。自从瑞典空军F10联队的“龙”式战斗机中队退役后，奥地利的“龙”式飞机飞行员的飞行训练已经停止，这就使奥地利更换机型的需要更迫切——因为奥地利再也不能为其“龙”式战斗机培训任何飞行员了！

奥地利媒体推测30架“鹰狮”战斗机将耗资210亿奥地利先令。同时，在欧洲战斗机公司答应在2004年交付第一架飞机时，达索航空公司退出这次竞争，这意味着，如果奥地利选择欧洲战斗机公司的飞机，则该机型将在其他四家合作伙伴国的空军使用之前进入奥地利空军服役。

奥地利的一项民意调查显示，近50%的公民认为如果奥地利政府想增强本国防御能力，则在防御方面的投资是值得的，但是有42%的公民认为这一行为是浪费金钱，因为奥地利并没有遇到真正的威胁。

2001年4月18日，奥地利总统克莱斯蒂尔到访瑞典，并与瑞典首相戈兰·佩尔松会晤。在记者招待会上，奥地利总统克莱斯蒂尔说，“龙”式战斗机的换代将在今年秋季作出选择，其选择范围仅限在“鹰狮”战斗机和F-16C/D战斗机之间。

贝内克告诉媒体，由于让“龙”式战斗机继续飞行带来的风险会随时间逐步增加，联邦军队认为这是相当不负责任的事，因此“龙”式战斗机越快被更换越好。这一观点支持了当时国防部长的政策，而在同一时间也迫使瑞典航空工业去鼓动该国的政客同意，因为奥地利担心，在这次竞标过程中，价格最优惠的战斗机会被奥地利的邻国波兰和捷克买走。

然而，6月18日，奥地利财政部长格拉瑟（Grasser）却突然宣布，没有钱来更换“龙”式战斗机，并且购买新型战斗机的计划将会推迟到2005年下一届政府任期内作出决定。

这份声明完全推翻了国防部长赫伯特·沙伊普纳所说的一切，并且在2011年7月9日国家国防委员会会议召开之前，奥地利政府进行了几个月的政治洗牌。虽然没有真正的决策权，但是重要的和有影响力的政客必须就本国的国防需求表达明确的意见。国家国防委员会投票通过了购买新型战斗机议案，因此赫伯特·沙伊普纳又可以如期地进行战斗机更新计划，并在2001年10月10日向竞标的五个战斗机生产厂商提出要求和意见。

直到2002年1月23日，五个竞标的战斗机生产厂商才答复了奥地利政府所提的要求和意见；奥地利政府在对这些答复进行约为1个月的研究后，两个竞标的战斗机生产厂商入围。最终的决定在2002年第一季度末产生。

在更换新型飞机期间，仍需要一些过渡类型的飞机，其所需的补偿贸易值为200%，一些专家认为这个代价太高。鹰狮国际公司却认为这是可以实现的。与此同时，奥地利媒体透露，在库存的23架“龙”式战斗机中仅有8至17架适航的“龙”式飞机；因此现在更换“龙”式战斗机比以往任何时候都更为迫切。

2002年1月24日，鹰狮国际公司在维也纳举行的新闻发布会上对奥地利媒体宣布，他们向奥地利政府交付的方式，实际上有两种选择：一种是24架单座“鹰狮”和可选择的6架双座“鹰狮”战斗机，另外以租赁方式提供12架“鹰狮”战斗机作为过渡飞机；另一种是较早期确定的提供24架单座“鹰狮”和4架双座“鹰狮”战斗机，但没有明确交付日期，并且不以租赁方式提供战斗机。

无论奥地利政府决定是租赁还是购买新的战斗机，奥地利空军第一作战中队都会在2005年“龙”式战斗机退役前使用“鹰狮”战斗机进行飞行。奥地利有可能成为未来的“鹰狮”改进计划中的一员。“鹰狮”战斗机将会具备空中加油能力、提供最佳的数据链和与国际部队协同作战的能力。奥地利政府如果选择第二种方式，瑞典空军将自愿推迟本国“鹰狮”战斗机的交付日期。

三个竞争公司，欧洲战斗机公司、洛克希德·马丁公司和鹰狮国际公司被要求在4月30日提交一个最优的最终报价。鹰狮国际公司的竞标方案中对补偿贸易、交货日期和选择性融资进行了修订，能够提早交付飞机的原因可能是由于瑞典和奥地利空军之间的良好关系。

2002年7月2日，在所有人的期盼中，奥地利政府通过新闻媒体宣布了最终决定：获胜者是欧洲战斗机公司。沙伊普纳说，最先进的战斗机已被选定，并且将在2005年交付第一架飞机。在2003年第一季度，将向奥地利空军交付6架欧洲战斗机以完成对飞行员的训练，因此，“龙”式战斗机将会在2003年逐步退役。

然而，在那之后，奥地利和许多中欧国家清理严重水灾的花费迫使奥地利政府削减了欧洲战斗机的购买量，即从24架减少到18架。

另一个问题出现在2002年11月21日，DA6双座原型欧洲战斗机在西班牙坠毁，其原因是两台发动机同时出现故障。这次坠机事件对飞行试验计划、生产进度和飞机交付时间的影响都有待进一步观察。

由于新成立的奥地利政府需要花一些时间来完成政府重组，EADS（欧洲航空防务和航天公司）延长了飞机交付日期，以便奥地利政府确认是否要购买欧洲战斗机。鹰狮国际公司随后提出了18架“鹰狮”战斗机新的报价。2003年3月，时任国防部长冈瑟·普拉特（Gunther Platter），他曾为前国防部长法斯拉本德（Fasslabend）工作，声称，他首先要对所有的相关信息进行分析，以免延长不必要的并购，然后进行“龙”式战斗机的更换。

在2003年6月巴黎航展上，鹰狮国际公司为赢得出口订单，声称仍然希望奥地利政府改变战斗机的选择，因为目前“鹰狮”战斗机是唯一的第四代战斗机。然而，2003年7月1日鹰狮国际公司的希望破灭了。仅在一天后，欧洲战斗机公司的4个伙伴国宣布欧洲战斗机准备开始服役，奥地利政府签署了订购18架欧洲战斗机的合同，价值约1.98亿欧元。头4架飞机将在2007年年中交付，另外12架在2008年交付，最后2架在2009年交付。

巴西

在20世纪70年代，由于担心地区政治局势的不稳定，美国总统吉米·卡特把拉丁美洲作为一个严格的美国武器禁运地区。在那个时候，独裁者统治了大多数拉美国家，因此，这些地区政治局势不稳定。美国武器禁运仅在1982年被打破了一次，当时美国政府向委内瑞拉出售了24架F-16NB战斗机，因为委内瑞拉成功地说服美国：古巴对其领土构成了真正威胁。

禁运也影响到了巴西，它必须寻找一个与美国没有关系的国家来购买武器。最终导致巴西购买了法国达索航空公司的“幻影”Ⅲ战斗机。

到了20世纪90年代中期，“幻影”战斗机已经落后了，因此需要更新换代。考虑到这一点，巴西官员参加了“鹰狮”最后的试验计划，该试验计划导致了宣告“鹰狮”在瑞典进入实用。

在1998年航空航天博览会上，鹰狮国际公司趁此机会向巴西政治家和军事人员展示了“鹰狮”战斗机。然而，在1999年10月下旬，法国航空航天工业购买了巴西制造商巴西航空工业公司20 %的股份，有人认为，这一行为可能有助于“幻影”2000-5的出口。巴西空军对巴西航空工业公司私有化行为非常不满，形势变得非常政治化。

瑞典空军和巴西空军有着良好的

关系，因此允许两军之间进行一些交流，包括相互之间交换两名飞行员和两名技术人员，使其能够与对方的人员一同训练和工作。巴西空军购买了“爱立眼”（Erieye）预警系统，其原因是“爱立眼”预警系统中的某些特定系统能与“鹰狮”战斗机兼容，这就较容易与“鹰狮”战斗机集成和建立相互之间的通信。然而，由于“鹰狮”战斗机有30%的组件是由美国制造的，任何海外销售都需要美国国务院的批准，这将会影响到飞机的出口前景；同时对南美国家的销售肯定也会是一个问题。2000年7月初，在瑞典国防大臣比约恩·冯·叙多到访巴西和智利后，对巴西国防部长杰拉尔多·马热拉·京藤（Geraldo Magela Quintao）说，向这些国家出口的“鹰狮”战斗机的情况会有所改善。7月13日，巴西总统费尔南多·恩里克（Fernando Henrique）宣布，到2007年，巴西空军的军费达3000万美元。这笔军费的一个目标是，用来更换库存剩余的F-5E/F“虎”ll战斗机和“幻影”-Ill战斗机，“幻影”-III战斗机将在2005年逐步退役。更换F-5战斗机的计划被称为“FX”。在这次飞机更换过程中，有七种竞争机型：F-16C/D、F/A-18E/F、“幻影”2000-5 MK.2、米格-29SMT、苏-27改型、欧洲战斗机和“鹰狮”战斗机。

由于“鹰狮”战斗机被传存在内部燃油容量不足的问题，因此如果巴西购买双座飞机，则在与巴西航空工业公司签订的合同当中会明确在后座舱的位置增加保形油箱的要求。

一个购买24架战斗机的需求方案说明书在8月1日发布，建议巴西空军购买“幻影”2000BR战斗机（他们认为“幻影”2000-5的各项性能非常适合巴西空军），最后的总装工作将会在巴西航空工业公司完成。在10月1日答案揭晓，会在2002年列出供最后挑选的三种机型名单；其中一个条件是要求有100%的补偿贸易。

据预计，获胜者在以后会有一些追加订单，因为巴西空军的飞机需求量超过24架，这些追加订单是一个非常重要的方面，所以对参选者来说，风险很高。因此，在2002年国际航空航天展览会上，“鹰狮”战斗机没有参展。

2002年4月期间，巴西空军访问了林彻平市，并对“鹰狮”战斗机进行了评估。不久之后，可能在5月20日，确定最后的投标。如同达索航空公司与巴西航空工业公司合作关系一样，苏霍伊公司已经与巴西航空工业公司联手，为巴西空军提供苏-27改进型飞机，并在巴西航空工业公司做最后总装。巴西空军正在研究各种建议，因为飞机总装地点的承诺，达索航空公司和苏霍伊公司受到青睐，但有猜测认为鹰狮国际公司可能也有机会，因为达索航空公司和苏霍伊公司在补偿贸易方面有问题。

然而在选举结束后，新型战斗机的招标却推迟了一年，其原因是该国总统认为这些钱可以更好地用于国家建设的其他方面。

智利

智利是自1977年以来另一个受到美国武器禁运影响的拉美国家。它也根据其国家的需要逐步削弱这一影响——与以色列的贸易往来自然导致了智利空军采用了F-5E和“幻影”50的更新换代形式。

1994年4月，卡洛斯·阿尔瓦雷斯·克雷默（Carlos Alvarez Kraemer）宣布，智利空军需要更换“猎鹰”战斗机，然后到2005年，开始更换智利空军的“蜻蜓”战斗机。“猎鹰”战斗机被比利时二手的“幻影”5S代替，而对A-37B呼声最高的换代飞机是“鹰狮”战斗机。

萨伯公司在1993年巴黎航展上指出，与BAE系统公司的合作伙伴关系建立之前，智利就被萨伯公司认定为“鹰狮”未来的潜在客户。在1994年，萨伯公司首次参加了在智利圣地亚哥举行的第八届国际航空航天展，展示了“鹰狮”座舱实物模型；两年后，萨伯公司与其合作伙伴BAE系统公司，用一个涂装成蓝色的全尺寸“鹰狮”的实物模型参加了第九届国际航空航天展。由于智利不希望依赖于美国，因此拒绝考虑或评估F-16和F/A-18。

1996年末，当秘鲁从白俄罗斯购买了二手的米格-29和苏-25后，智利和美国都感到极为震撼，美国意识到秘鲁并不在其武器禁运限制区域内，因此并没影响秘鲁购置先进的军事武器。智利必须防止本国受到两种情况的攻击：西部来自阿根廷和北部来自秘鲁的威胁，秘鲁在该区域拥有最强大的空军力量。

1997年智利国防部长埃德蒙多·佩雷斯·约马（Edmundo Peréz Yoma）访问了斯德哥尔摩，并与瑞典国防部长比约·恩·冯叙多会谈，5月28日双方签署了国防合作协议。美国武器制造商洛克希德·马丁公司和麦道公司已经开始向华盛顿施加压力，使他们能够出口飞机，因为武器禁运政策反而帮助了“鹰狮”战斗机的销售。智利军方官员说，法国和瑞典的飞机仍然有可能被选中，但是，如果华盛顿放宽其武器禁运限制，“鹰狮”战斗机被选中的机会不大。

1997年9月，智利评估小组在马科斯·梅里莱（Marcos Meirelles）将军的带领下访问了林彻平。期间，“鹰狮”战斗机飞行了12个架次，10位智利飞行员坐在“鹰狮”战斗机前座并在后座瑞典飞行员的帮助下进行试飞，梅里莱将军成为智利第一位驾驶“鹰狮”战斗机的飞行员。10月14日，智利空军总司令费尔南多·罗哈斯（Fernando Rojas Vender）参观林彻平并与萨伯公司飞行员一同驾驶“鹰狮”战斗机飞行。瑞典首相在1998年1月访问智利，并会见了总统弗雷和他的国防部长。

1998年3月23日至29日，两架单座“鹰狮”战斗机参加了智利圣地亚哥举行的第十届国际航空航天展。“鹰狮”战斗机被运到智利机场，并从那里飞往智利北部安托法加斯塔的塞罗莫雷诺（布朗山）空军基地，再从那里飞往圣地亚哥。其中一架飞机用来静态展示，另一架进行飞行表演。

由于智利和巴西都对“鹰狮”战斗机表示出极大的兴趣，鹰狮国际公司以其最强大的阵容出席了这次航展，这也是“鹰狮”战斗机首次到访南半球。萨伯公司推出弗雷德里克·莫哈兰替代肯·林德伯格作为鹰狮国际公司的航空表演飞行员。其他萨伯公司的飞行员是贝恩特·韦默、雷纳·里德维克（Reino Lidvik）和前首席试飞员斯蒂格·霍姆斯特姆。在国际航空航天展结束后，“鹰狮”战斗机留在了巴西安纳波利斯（Anapolis）为更多的军事和政府官员表演。

在鹰狮国际公司的记者招待会上，瑞典空军总司令肯特·哈雷斯考格说，“鹰狮”战斗机每飞行小时的成本约16000瑞典克朗，而“龙”式战斗机为30000瑞典克朗。然而在一些出版物中却说如此价格低廉的“鹰狮”战斗机飞行成本不具有“男子汉气概”，哈雷斯考格直言不讳地说：“这种说法十分愚蠢——被‘鹰狮’击落那就更缺少男子汉气概了！”

在国际航空航天展期间，费尔南多·罗哈斯说，将会在1998年5月对新型战斗机作出选择。在展会期间，来自巴西、南非和波兰的高级官员也参观了“鹰狮”战斗机。

1998年4月16日至20日在圣地亚哥召开了美洲首脑会议，在会议期间，克林顿政府代表对向拉美国家出售AIM-120

左图：在1997年10月，萨伯公司的汉斯·克鲁格（Hans Kruger）祝贺智利空军总司令费尔南多·罗哈斯首次成功驾驶"鹰狮"战斗机。

下图："鹰狮"战斗机参加2002年国际航空航天展：两架JAS 39A和一架JAS 39B。智利空军代表与他们的同行巴西空军一样体验了双座"鹰狮"飞机的飞行，因为智利空军一直以来被认为是"鹰狮"战斗机的潜在客户。

中程空空导弹的可能性产生质疑。这一举动将会影响"鹰狮"战斗机的出口机会。

由于受到东南亚经济危机的影响，智利购买新型战斗机的决定被迫在1998年6月底暂停。哪家战斗机公司会赢得合同还是未知数，1999年5月投标公司被要求重新修改他们的竞标方案并且重新开始竞标。

在2000年航空航天博览会上，萨伯公司带来了更多的参展飞机，也延长了展览时间，从3月27日到4月2日。这次参展的有两架单座飞机（编号39166和39174）和一架双座飞机（编号39803）。这也是双座"鹰狮"战斗机第一次到南半球参展。飞机被用船运到巴西，再从那里飞往圣地亚哥（两年前，"鹰狮"战斗机用船通过巴拿马运河直接送往智利时出现了一些小问题，主要原因是根据巴拿马运河管理条例，飞机上不能携带任何武器装备，包括弹射座椅）。

双座"鹰狮"战斗机最初是用来进行静展的，但当智利空军的一位官员被授权可以驾驶“鹰狮”战斗机进行飞行后，这架飞机被拖出了静展区，开始进行飞行表演。据萨伯公司说，他们已交付85架“鹰狮”战斗机。他们预测智利空军短期内需要6～12架飞机，长期则需要30～40架飞机。

智利空军总司令里奥斯（Rios）将军在范堡罗航展前对欧洲进行了短期访问，并在7月18日参观萨伯公司时，他坐在双座“鹰狮”战斗机的前排座椅上进行了一次飞行体验。瑞典国防部长比约·恩·冯叙多在7月初访问了南美，在他回来后表示“鹰狮”战斗机的销售前景将有所改善。

2001年1月智利政府证实，为满足智利要求，它们已选择了洛克希德·马丁公司的F-16C/D战斗机。但如果美国政府禁止出售F-16战斗机上所挂装的中程空空导弹，该怎么办？是否有其他飞机能够代替？此时“鹰狮”战斗机还没有测试其挂载欧洲“流星”空空导弹时的性能，所以如果“鹰狮”战斗机想要填补智利的需求，则要看是否有足够的时间完成这种组合的性能测试。

就在这时，“鹰狮”战斗机遇到另一个机遇，南非肯特隆公司展示了其新研发的V4中距空空导弹，并且这种导弹已经能够挂载在南非空军的飞机上。“鹰狮”战斗机也能够挂载这种导弹，同时南非将该型导弹出口到南美国家不会有任何问题。鹰狮国际公司似乎充满了希望，但在2002年2月1日，这个希望破灭，智利政府签署了6架F-16C和4架F-16D战斗机购买合同，并从2005年开始交付。

捷克

1985年，当戈尔巴乔夫在苏联执政时，没有人会想到，15年后三个华沙条约国家会加入北约。1989年的变革被称为“丝绒革命”，并开始重整西欧和北约。

在早期的后东欧集团时代，捷克斯洛伐克的政治问题主要是内部问题和政治上不可避免的国家分裂问题。1993年1月1日，捷克斯洛伐克分为两个新的国家，捷克和斯洛伐克，但是在赞成捷克的基础上实现了两国军队的共享。捷克装备了米格-21、苏-22、苏-25和十几架米格-29战斗机，然而米格-29战斗机被售出，因此，捷克仅剩下了需要更换的第二代战斗机。

1993年巴黎航展上，萨伯公司在与英国宇航公司建立合作伙伴关系之前，有意愿向一些前华沙条约组织国家出售“鹰狮”战斗机，包括捷克。由于这些国家政府无力购买昂贵的战斗机，所以"鹰狮"战斗机作为一种价格便宜的轻型战斗机，被列入所选范围之内。

捷克资金短缺的一个迹象可由捷克空军飞行员年平均飞行小时数表现出来，1998年每一位捷克空军飞行员年平均飞行小时数不到50小时，在1999年提高到平均80小时，即使在资金较为充裕的时候，捷克空军飞行员的飞行训练也仅能达到北约国家所需的最低飞行小时数。捷克军队没有资金用来购买航空备件，所以为保证飞行训练，不得不在飞机之间互相串用设备，这两个因素都有可能导致飞行事故的发生。

下图：在2000年国际航空航天展览会上，编号为JAS 39B 39803"鹰狮"战斗机从智利圣地亚哥起飞时，在安第斯山上所拍摄的飞机起飞的照片。请注意，这架飞机不同于以往，在其机身上挂装有各型武器。而且为提高其飞行表演的观赏性，还挂载了烟雾发生器。

在捷克飞机换代的竞争中，"鹰狮"战斗机与前几代的同一类战斗机相比，其维护成本的下降使它更具有优越性。在1996年期间，当时捷克的总理大臣瓦茨拉夫·克劳斯（Vaclav Klaus）表示，捷克空军需要更换他们的战斗机，萨伯公司和英国宇航公司建立了合作伙伴关系后，促进了"鹰狮"战斗机的出口，由于英国和捷克之间良好的外交关系，大大增加了捷克购买"鹰狮"战斗机的可能性。

为了增加销售，在1997年5月9日至11日，瑞典空军带着编号为39120、39124和39125的"鹰狮"战斗机参加了捷克布尔诺国际防务展（IDET）。这是"鹰狮"战斗机首次访问捷克，由飞行员肯·林德伯格驾驶编号为39124"鹰狮"战斗机与捷克飞行表演队驾驶的两架米–24"雌鹿"直升机一起进行飞行表演。编号为39120的"鹰狮"战斗机在静

态展示区，编号为39125的“鹰狮”战斗机作为备用飞机。事后捷克杂志写道，捷克会为“鹰狮”战斗机设计更好看的涂装方案。

在8月，“鹰狮”飞行团队参观了卡斯拉夫（Caslav）空军基地，其有意愿成为任何首例新型战斗机的大本营基地。在当月最后一周，鹰狮国际公司忙于出席在赫拉德茨-克拉洛韦（Hradec Kralove）空军基地组织的捷克空军成立80周年庆典活动，出席此次庆典活动的“鹰狮”战斗机编号分别为39132和39133，在周三之前，这两架飞机到访了罗马尼亚，并在周四和周五为捷克空军的飞行员进行了特殊性质的飞行表演。

10月27日，捷克空军行政长官拉吉斯拉夫·克利马（Ladislav Klima）首次驾驶“鹰狮”战斗机进行了飞行；克利马是第一个试飞该型机的捷克飞行员，他也是第二个这样做的前华沙条约组织的空军行政人员。第二天，少将帕维尔·斯科利（Pavel Strübl）也试飞了“鹰狮”战斗机，他是被提名用来评估“鹰狮”战斗机的三组捷克飞行员中的一组（另外一组在1996年11月已经评估了F/A-18“大黄蜂”战斗机）。

上图：在2000年国际航空航天展览会上，安第斯山脉为飞行表演提供了一个非常生动的背景画面。

然而就在这个时候，在捷克议会上反对党提出政府应该等到明确了捷克军队在北约中的任务后，再决定是否购买新型飞机（捷克在1999年加入北约）。

1999年3月12日，北约接纳了匈牙利、波兰和捷克成为北约成员国。报告建议捷克发出一份从2003年起交付的36架战斗机的购置或租赁的需求方案说明书（当然捷克、匈牙利和波兰所达成的协议不再有效)。

在3月底,彼得·瓦尔贝格(Peter Wallenberg)和瑞典商务团访问了捷克,这次出行的目的是洽谈"鹰狮"战斗机的出口及其补偿贸易。据瓦尔贝格说,这次访问也是必要的,因为瑞典很少在捷克投资。波兰空军总司令卡西米尔·布吉幺科(Kazimierz Dziok)却声称,波兰、捷克和匈牙利都赞成选择相同的米格-21飞机作为替代机型。

事实上,捷克政府决定购买新型飞机的计划被推迟到初秋,并且直到1999年5月19日才发布了36架战斗机的需求方案说明书,所以这些飞机在2003年交付是不可能实现的,据捷克国防部长弗拉基米尔·维特希(Vladimir Vetchy)说,这些飞机的交付将从2004年开始。

当欧洲战斗机公司被允许参加这次竞标时,许多人都感到非常惊讶,其原因是捷克的财政吃紧而该型战斗机价格较为昂贵。但是捷克政府却表示,要考虑所有的选择,这些竞争者包括"幻影"2000-5、F-16C/D、F/A-18C/D和"鹰狮"战斗机。并要求这些参加竞标的公司在9月底提供竞标书。

1999年9月初举行了一年一度的捷克国际航空节,编号为39163的"鹰狮"战斗机参加了飞机静展和飞行表演。飞行表演分为两部分:第一次是不挂装任何武器装备飞行着陆后,由士兵在10分钟内挂装完武器,"鹰狮"战斗机再次起飞,完成它的第二次飞行表演。

2000年3月宣布,BAE系统公司将签署一份谅解备忘录,以用于与"鹰狮"采购相关的预先补偿贸易。该合同在3月14日被签署,这被看作该型机获得捷克订单的一个标志。就在两个月前,

左图:在参加2000年国际航空航天展期间,JAS 39B 39803,用于防空任务的构型,脱离开了与JAS 39A 39174的编队队形。双座布局可以让巴西和智利的代表与"鹰狮"飞行员一起驾驶"鹰狮"飞机体验飞行。

英国首相布莱尔已致函捷克总理米洛什·泽曼（Milos Zeman），进一步推销"鹰狮"战斗机，这是政治家为支持本国国防工业产品的一种标准做法。但是这样的做法并没有成功，反而引起了其他竞争公司的抗议，波音公司和洛克希德·马丁公司说这是不公平的竞争（尽管后来一些美国公司也签署了类似的文件）。

捷克安全委员会在2000年3月15日投票表决是否真正需要购买新型战斗机，并且捷克政府同意在4月15日议会中谈论该问题。然而，作出正确的决定则需要更多的资料。捷克国防部长从4月16日对瑞典进行了为期三天的正式访问，期间还在塞特纳斯对"鹰狮"战斗机进行了细致了解。

5月10日捷克议会同意购买新型战斗机议案，并在当年底前发布了正式招标通告。捷克总理泽曼说，他预计这次购买计划至少会带给捷克工业150%的补偿贸易，这对捷克工业的投资十分不利。财政部长则需在9月前拟定协议，以支付此次购买计划的支出。

在此期间，戴姆勒—奔驰宇航公司（DASA）和通用动力公司与捷克政府签署了一份协议，该协议与3月14日捷克同鹰狮国际公司签署的文件相类似。此外，由于美元对捷克克朗的汇率上升，导致捷克政府订购一批L-159轻型战斗机以取代苏-25飞机的价格变得十分昂贵，以致于捷克军方再也买不起别的任何装备（与美国供应商的L-159的合同部分在进行谈判和签署时没有考虑采取任何汇率保护措施）。

捷克政府仍在考虑是否继续通过招标方式来寻找米格-21战斗机的换代产品。在2000年范堡罗航展上，一位捷克飞行员表示，由于在卡斯拉夫（Caslav）的30架米格-21战斗机中仅有7架具备飞行能力，所以迫切需要一种新型战斗机，他同时表示，捷克飞行员倾向于F/A-18"大黄蜂"战斗机和"鹰狮"战斗机，如果选择欧洲战斗机有些不切实际。

然而波音公司意识到对于东欧国家来说，F/A-18E/F"超级大黄蜂"战斗机价格过于昂贵，因此想销售目前在沙漠里存储的二手F-15"鹰"战斗机。当然，这种飞机的价格要比F-16战斗机和"鹰狮"战斗机贵，但是波音公司认为有用户少量需要这种飞机。该型机的改型机被称为F-15R，在2000年9月2日赫拉德茨-克拉洛韦航展上，波音公司的F-15R参展。克利马空军中将对F-15D进行了试飞，这是波音公司特意安排的。

2001年1月，捷克最终发布了其订购24架或36架战斗机及最少150%的补偿贸易的需求方案说明书，其中60%的补偿贸易要求与国防有关。要求参加竞标的公司在2001年5月31日前给出答复，捷克政府将在2001年10月作出决定。然而，捷克政府也承认经济形势可能会影响到整个项目，因此他们会非常严肃地审议每一份报价的金融信息。

一位美国政府官员在3月底还表示，如果捷克政府不改变它的规定：招标书要使用捷克语和所有的费用计算要使用捷克货币，美国可能会退出这次招标（美国海外军事销售通常会使用美元）。事实上，由于捷克国防部长在用美元购买L-159轻型战斗机合同上吃了大亏，所以想避免类似事件的再次发生。

2001年5月23日波音公司和洛克希德·马丁公司正式宣布退出这次招标，但捷克总理泽曼对记者说，他认为不能只因为美国公司的退出就取消该项目，也有人猜测，捷克总理泽曼比较倾向于“鹰狮”战斗机。第二天EADS和达索航空公司也退出这次招标，仅留下萨伯公司作为唯一的竞争者。

与此同时，捷克反对派公民民主党（ODS）影子内阁的国防发言人彼特·聂洽斯（Petr Necas）指出，由于政府有更多紧要事情需要处理，所以购买新型战斗机的招标工作应该推迟进行。泽曼反驳道，购买新型战斗机的计划是在1997年反对派公民民主党执政时就已开始进行了。

2001年5月31日，鹰狮国际公司向捷克政府提交了唯一一份竞标书，由于仅有鹰狮国际公司一家竞标公司，因此该公司采取不寻常的决定，在6月5日举行的记者招待会上公布了竞标书的细节内容——将在2004年交付首架飞机，对于捷克的好处有以下几方面：

- 在10年内完成150%的补偿贸易，根据区域和产业的设置情况优先考虑捷克政府。
- 补偿贸易主要以捷克的战略目标为主。
- 在签订合同的两年内补偿贸易的收益将达到总合同价值的50%。
- 从补偿贸易中所产生的经济效益提前产生金融回报。
- 长期融资方案的重要还款期限将推迟到2006年。
- 由英国和瑞典两国政府支持的国际银行财团下的出口信贷部门提供85%的贷款资金。

- 其余15%资金贷款则由捷克银行组成的财团提供。在2004年首次交付飞机时仅需要偿还贷款总数的5%。
- 为尽量减少对捷克国家经济的影响，贷款偿还期长达15年。
- 提供外汇风险保障。
- 融资方案的制定更能有助于捷克在2004年至2005年加入欧盟。
- 可选的类似商业贷款的数额相当于合约价值的15%，以及具有吸引力的利率，通过取消昂贵的贷款设施，以减少捷克债务和赤字水平。

除了经济利益外，还有其他原因使捷克空军选择了“鹰狮”战斗机（智利空军希望要一架战斗机，而不是补偿贸易），据鹰狮国际公司说，捷克空军选择“鹰狮”战斗机的好处主要有以下几方面：

- 在全世界范围内提供最有能力和成本效益好的多用途战斗机，可以满足本国、北约和欧洲防御体系的需求。
- 该战斗机与北约防御体系完全兼容且具有互换适用性，优先支持所有北约标准化的规定和程序，包括数据链通信和空中加油系统。
- 从2004年开始交付飞机，第一个“鹰狮”中队可以在2005年全面投入作战训练。
- 到2008年底完成所有飞机的交付。
- “鹰狮”战斗机使用成本的大大降低，将使更高层次的作战培训不需要增加额外的开支。
- 捷克将有机会参与未来的改进计划（这不仅会给捷克带来好处，同时也会推动捷克工业和经济的发展）。

下图：鹰狮国际公司对赢得捷克的飞机订单是如此自信，以致于他们提前发布了这张在JAS 39A 39145和JAS 39B 39802“鹰狮”战斗机垂尾上印有捷克空军国徽的照片。

- 在"鹰狮"战斗机交付之前就可以开展全面的支持和培训工作。
- 最大的武器载荷，其武器装备与捷克空军的L–159机群具有通用性。
- 利用现有的设施来为用户定制后勤保障能力。
- 维护和地面保障系统中包括一项用于整个捷克空军的对飞机及其部件维护管理和追踪进行扩展的项目。
- 令人感到惊讶的是，欧洲战斗机公司在早些时候曾表示不会参加这次竞标，但后来却提供了一份竞标书，但这份竞标书不符合提案要求。

捷克政府预算用1000亿捷克克朗购买这些飞机，而这却远远少于36架"鹰狮"战斗机的实际成本。为什么"鹰狮"战斗机的交易频频受到捷克媒体的攻击？例如在其他四家公司退出招标时。为此，鹰狮国际公司在赫拉德茨–克拉洛韦航展期间向媒体赠送了公司制作的宣传册，其内容是有关出口捷克"鹰狮"战斗机的价格和详细融资方案。

萨伯公司认为参加赫拉德茨–克拉洛韦航展是非常重要的，因此，有两架"鹰狮"战斗机参展，其中编号39173飞机作为静态展示，编号39174飞机用作飞行表演。然而，当彼特·聂洽斯暗示"鹰狮"战斗机仅有10年的技术经验而不值得购买时，媒体变得更加咄咄逼人。捷克媒体更进一步表示，匈牙利决定购买"鹰狮"战斗机是一个错误的决定！

2001年12月10日是捷克政府将作出决定的日期。国防部长表示，他们想购买"鹰狮"战斗机，但来自国防预算的

上图：捷克空军评估试飞员在完成"鹰狮"战斗机评估试飞后与瑞典空军总司令肯特·哈雷斯考格一起交谈。

左图：在1997年10月27日捷克空军行政长官拉吉斯拉夫·克利马（Ladislav Klima）首次驾驶JAS 39B"鹰狮"战斗机飞行后，他对"鹰狮"战斗机表示出非常满意的态度。

资金并没有到位。这意味着必须由议会对这项交易进行表决。

政府投票赞成购买“鹰狮”战斗机并指出将在2002年4月签署合同。对于融资计划，必须要由捷克议会和参议院投票通过一个特殊法律，这却使问题复杂化了，因为政府在这些部门中只占少数席位。捷克选举将会在下半年举行。购买“鹰狮”战斗机的价格估计为500亿捷克币克朗及150亿捷克克朗的利息。

如果飞行员每年飞行270小时，则“鹰狮”战斗机每年的总费用如下：（以十亿捷克克朗计算）：

购买费用	50
贷款利息	15
武器	5
基础设施的调整	8
直至2035年的使用开支	17
在2020年实现现代化改装	4.5

在2002年2月14日，捷克议会投票通过了融资方案；主要反对党公民民主党和联合（US）政党投了反对票，借口是他们不希望捷克背负庞大债务，但在议会中占少数席位的政府却得到了捷克共产党和基督教民主党的支持。

第二次审核融资方案被推迟到4月。由于选举的临近，对于参议院和总统办公厅能否适时接受该项融资方案很值得怀疑，这使得购买战斗机的计划非常不确定。但是，鹰狮国际公司表示，合同谈判进展顺利。

然而，由于国防部低估了文书的工作量，不得不再次推迟融资方案的审议。为此，议会作出决定，在选举之前的最后一次会议上，参议院和总统必须就融资方案给予答复——接受或拒绝。如果融资方案被否决，则在选举后，议会重新讨论该方案。

4月9日，为了向工作人员和媒体记者展示新飞机的外观和无任何问题的互换适用性，4名瑞典飞行员驾驶“鹰狮”战斗机在卡斯拉夫空军基地着陆。这些“鹰狮”飞机用于地面展示和空中表演，两架JAS 39B飞机，39805和39806

右图：在2001年的赫拉德茨-克拉洛韦航展期间，展出了印有捷克空军标志的“鹰狮”战斗机模型。

可以让捷克空军官员坐在后座舱来进行验证飞行；其中试飞“鹰狮”飞机的捷克飞行员分别是卡斯拉夫空军基地的司令员和纳米斯提纳德奥沙瓦（Náměšť nad Oslavou）空军基地的司令员。两架第二批的单座JAS 39A“鹰狮”战斗机保留有最初设计的座舱显示系统。

捷克政府于4月22日同意了采购“鹰狮”的融资计划；除了贷款之外，通过将捷克电信私有化获得的资金也将用于支付这一项采购资金。两天后，捷克议会提交了该计划，但被一票否决。这次表决时，捷克总理迟到了，而且还有其他一些政党成员缺席了本次会议，所以政府计划再次尝试，并希望在选举之前签署下该合同。

赶时间的一个原因是他们相信鹰狮国际公司为了让第一个购买“鹰狮”战斗机的国家能带来后续影响——使其他东欧国家也作出同样的选择，鹰狮国际公司正在向东欧第一个购买“鹰狮”战斗机的国家提供更好的售价。

5月7日，政府向议会提交了融资方案并以86票对84票通过该议案。两天后，融资方案顺利通过表决。最困难的阶段还在后头，由于政府明确表示其在参议院的席位较少，所以要让该融资方案在参议院顺利通过将会十分困难，而且参议院必须要在30天内对该议案进行表决。

如果在2002年6月签署合同，将在2004年10月交付首批“鹰狮”战斗机给捷克空军，并在2007年9月交付最后一批。2004年交付4架“鹰狮”战斗机，2005年交付10架，2006年交付6架，最后4架在2007年交付。

在参议院投票前不久，捷克总理米洛什·泽曼宣布正式合同的签署将推迟到9月大选后。他希望，这样的做法会获得参议院足够的支持，但在5月31日参议院却否决了“鹰狮”的经费计划。所以现在捷克政府的最后机会是在选举的前一天，即 7月13日捷克议会上否决参议院的决定，并且否决建议没有获得所需要的102张票的支持。

原来预期选举结果将使捷克政治版图发生相当大的、对右翼政党有利的改变，但实际选举的结果却出乎意料，执政党获胜，但它在议会中失去了一些席位。

新一届议会不得不再次重新启动购买“鹰狮”战斗机计划，但政治格局的变化使得这一计划的前景成为未知。新政府组建后开始了初步谈判，谈判要点之一是购买“鹰狮”战斗机，但这一点没有得到执政党潜在的联盟伙伴——自由联盟党的接受。

2002年8月所发生的意料之外的事件带来了另一种局面。东欧大部分地区发生了严重洪灾，8月19日，国防部长雅罗斯拉夫·特底克（Jaroslav Tvrdik）宣布，由于大规模的重建工作需要大量资金，所以捷克已没有能力购买新型战斗机。政府并没有正式取消购买"鹰狮"战斗机计划，但洪水所造成的破坏却改变了大家优先考虑的事，捷克政府不再能买得起24架战斗机。从那时起，为了挽救这场交易，鹰狮国际公司开始努力游说。

2002年11月18日，在布拉格召开的北约会议前，捷克政府正式宣布，取消订购24架"鹰狮"战斗机的计划。捷克政府现在计划与斯洛伐克共和国构建"领空共享"；为了使这一概念成为现实，斯洛伐克共和国也必须加入北约。然而，这一切仅仅是一个模糊的概念，还没有任何切实可行的方案来实现它。后来波兰和匈牙利两国也被邀请加入这一计划。

国防部接到命令去寻找不同的飞机换代方法，这期间却带来了意想不到的选择。加拿大提供了40架CF-18A/B飞机，这个提议获得了很多记者的关注。德国提供了用欧洲战斗机"台风"飞机

左图：捷克空军中接收"鹰狮"战斗机的中队是在卡斯拉夫空军基地的第41战斗机中队。这是该中队的虎徽标志。

替换下来的F-4F"幻影"II飞机；比利时、荷兰和美国提供了过剩的F-16A/B飞机。萨伯公司可以提供瑞典空军过剩的"鹰狮"战斗机。最后的决定虽然尚未公布，但很显然，订购二手飞机正在受到捷克政府的青睐。

丹麦

丹麦是另一个J35"龙"式战斗机的用户，丹麦明确表示，到1989年该国所拥有的44架"龙"式飞机必须进行更换。一种选择是用F-16战斗机；另一种选择涉及到第一批"鹰狮"战斗机的订单，但有一项谅解备忘录，即萨伯公司要同意开发双座"鹰狮"战斗机。由于丹麦皇家空军已经使用了F-16A/B战斗机，并且希望在机型的选择上实现标准化，所以这对"鹰狮"战斗机是相当不利的。

然而在严峻的竞争阶段开始之前，丹麦国防开支的削减导致了两个"龙"式飞机中队的解散（最后一个中队在

1993年12月解散），因此更换这些中队飞机的需要也被取消了。2002年5月28日，丹麦签署了加入三方合作的联合攻击战斗机（JSF）项目。

芬兰

1989年，当芬兰宣布想要替换老化的米格-21飞机和萨伯公司的"龙"式战斗机时，"幻影"2000-5，F-16A/B和"鹰狮"战斗机都被作为"龙"式战斗机的换代飞机。计划用米格-29或苏-27飞机替换米格-21飞机。所以当芬兰向达索航空公司、通用动力公司（后来的洛克希德·马丁公司）和萨伯公司提供了一份20架单座和5架双座战斗机并附带有20多个选项的询价说明书时，这被看作是要在具备远程无线电通信（DX）能力的需求下，作为"龙"式飞机的替代机型。并要求他们在1990年10月31日前提出初始报价。

1991年1月3日，芬兰发布了60架单座和7架双座飞机第二次询价说明书，同时宣布，芬兰没有能力购买两个不同类型的战斗机，他们需要一种能同时替换米格-21和"龙"式战斗机的飞机。在冷战时期，芬兰拥有苏联和西方混合的机队，所以这是芬兰第一次只选择同一类型战斗机。随后芬兰立即表示将选择西方国家生产的战斗机，但是希望至少会有100%的补偿贸易。

在这时，"鹰狮"飞机还没有国际改型机，而且，第一批的"鹰狮"飞机还处于飞行试验计划的早期阶段。因此这种选择对萨伯公司不利，因为萨伯公司无法按照芬兰空军的交付日期交付飞机。不过，萨伯公司却对这一机会非常有信心，因为芬兰在"龙"式战斗机上有非常丰富的经验，而且，该公司已经对提供给芬兰的"鹰狮"飞机（其上加装了为瑞典空军飞机制造的一些部件）进行了总装。

1991年4月12日，在第三次询价发布不久后，麦道公司的F/A-18C/D"大黄蜂"战斗机也加入竞标行列。

1991年7月15日萨伯公司向芬兰空军提交了竞标书，9月23日，芬兰国防部长伊丽莎白·雷恩女士（Elisabeth Rehn）参观了萨伯公司。随后在11月，芬兰成为与瑞典在"鹰狮"研制步伐上同步走的第一个海外国家（事实上，芬兰是唯一一个在第一批单座"鹰狮"飞机上进行飞行评估的海外国家）。三位芬兰飞行员，尤卡·科斯克拉（Jukka Koskela）、韦萨·凯纳宁（Vesa Keinanen）和保利·佩特图拉（Pauli Perttula）到达瑞典并进行了大约

10个飞行架次的试飞，其首次训练是在“鹰狮”飞行模拟器上进行。

尤卡·科斯克拉在12月2日进行了他在“鹰狮”飞机上的首次飞行，两天后韦萨·凯纳宁进行了首次飞行，尤卡·科斯克拉总共完成了6个飞行架次的飞行，共计4小时18分。科斯克拉认为“鹰狮”是一个性能很好的战斗机，能够完成多种任务，具有良好的人机界面……合理的价格使其在市场竞争中成为竞争对手的劲敌。保利·佩特图拉只用飞行模拟器对“鹰狮”飞机进行了评估。

萨伯公司向芬兰提供合同价值30%的补偿贸易及最后装配方案，这表明萨伯公司非常重视这次招标。在1992年2月和3月，萨伯公司让飞行员约翰·吉勒（Johan Gille）驾驶“鹰狮”39-5飞机（因为它是最接近生产型标准的原型机）前往芬兰作进一步的飞行评估（与其竞争的F-16、F-18、“幻影”2000和米格-29也参与了）。在芬兰，约翰·吉勒是唯一驾驶“鹰狮”战斗机的飞行员；在飞机停留在哈雷（halli）空军基地期间，没有一名芬兰飞行员有机会对该飞机进行评估。

然而在1992年5月，伊丽莎白·雷恩宣布，芬兰将订购57架单座F/A-18C和7架双座F/A-18D“大黄蜂”战斗机。由于“鹰狮”战斗机尚未得到充分发展，所以萨伯公司在这次竞标中失败了，并且“鹰狮”战斗机对能否挂载中

下图：在1997年6月萨伯公司发布了带有匈牙利空军标志的JAS 39B“鹰狮”战斗机的照片。而这架飞机实际是瑞典空军39802“鹰狮”战斗机。

程空空导弹还不明确（美国国防部不允许萨伯公司在美国以外的地区进行中程空空导弹集成工作）。另外一个原因是，萨伯公司无法按时交付飞机，缺少双座飞机是另一个弱点，总体来说，“鹰狮”战斗机价格太昂贵。在1995年芬兰空军开始改装F/A-18C/D时，“鹰狮”的双座飞机方案仍旧未公布，所以很明显，萨伯公司是无法按时交付飞机的。

另外一个原因在1998年浮出水面，彼得·瓦伦贝格，拥有萨伯公司和其他许多瑞典公司及其零部件制造商的投资公司的老板，在一本书中被芬兰前国防部长伊丽莎白·雷恩指责敲诈。据埃里克·贝尔弗雷奇（Erik Belfrage），瓦伦贝格的私人顾问说，这一切都源于午餐后的一句话，“如果你选择‘鹰狮’战斗机，则会进一步加大两国的贸易，这自然意味着减少失业人数”。伊丽莎白·雷恩理解成了如果不这样做，将弄糟所有的事情。

匈牙利

匈牙利是在1999年3月加入北约的前华沙条约组织的三个国家之一。也是对出口型“鹰狮”战斗机感兴趣的首批国家之一。在铁幕时代结束还不到3年时，即1992年年中，匈牙利公开承认希望对“鹰狮”战斗机作进一步了解。同年11月，瑞典国防部长会见了匈牙利总理约瑟夫·安塔尔（Jozsef Antall），双方就匈牙利购买“鹰狮”战斗机的可能性进行了官方会谈。

3年后，两国签署了一项谅解备忘录。瑞典空军行政长官肯特·哈雷斯考格在1995年10月30日和31日到访匈牙利，在凯奇凯梅特（Kecskemét）空军基地向一大群匈牙利官员介绍了“鹰狮”战斗机。迈克尔·塞德尔（Mikael Seidl）驾驶的39107“鹰狮”战斗机在空中和地面为观看的人们做了一些最基本的演示，这是“鹰狮”战斗机第一次到访前华沙条约国家。瑞典政府非常支持“鹰狮”战斗机的出口，并指示瑞典国防装备管理局和瑞典空军随时为萨伯公司提供必要的帮助。

在12月18日，两国签署了一项协议，涵盖了更大的合作和在国防事务方面的信息交流事宜。这份协议是由瑞典国防部彼得森（Thage G Peterson）和匈牙利商务部长杜纳伊（Dunai）签署的，这意味着两国能够互相交流敏感的国防信息。为了感谢匈牙利政府的支持，在1995年11月，瑞典向匈牙利一家公司提供了一份为瑞典空军建造的首批140架

科表示，匈牙利没有放弃使米格-29飞机现代化并达到北约标准的计划，也没有决定购买美国的F-16A/B战斗机。这项声明为所有竞争者带来了惊喜。事实上，公众舆论和政治讨论之后证实，匈牙利政府还未作出最后决定，招标工作将会在F-16和"鹰狮"战斗机之间展开。"鹰狮"团队表示，他们与匈牙利政府和瑞典政府正在为从瑞典空军库存的"鹰狮"战斗机中租赁24架飞机进行谈判。

媒体经常报道匈牙利政府已作出购买F-16战斗机的最终决定，但在2001年9月10日，瑞典国防部宣布，匈牙利选择鹰狮国际公司作为中标方，并对租赁14架"鹰狮"战斗机产生兴趣。合同价值估计为5亿美元左右，提供了交易总额为100%的补偿贸易。国防部长约翰·萨波（John Szabo）宣布鹰狮国际公司提供的报价书是最现代化和最具经济吸引力的合同，该合同的细节将会由匈牙利国防部和瑞典国防装备管理局进行谈判协商。

由于匈牙利是第一个选择"鹰狮"战斗机的北约国家，虽然只是租赁而非购买，但这个结果对"鹰狮"战斗机的销售非常重要。鹰狮国际公司非常迫切地希望得到这笔交易，因为它会使公司在北约有第一个立足点，从而更容易向北约其他潜在客户提供飞机，如波兰和捷克；也有人认为匈牙利的决定将会影响这些国家。

在9月20日瑞典国防大臣比约·恩·冯叙多到访匈牙利，并与他的谈判对手约翰·萨波会面，双方就合同细节进行了谈判。三天后，在斯德哥尔摩，他们签署了一项谅解备忘录，其内容是为期10年的租赁14架"鹰狮"战斗机的合同，从而结束了匈牙利购买F-16战斗机的任何机会。

计划在2001年12月将单独签署补偿贸易合同。将在瑞典对飞行员和技术人员进行初步培训，首次交付飞机预计在2004年底，以便在2005年夏季为匈牙利组建第一个"鹰狮"作战中队。萨伯公司承担对所交付的飞机进行改进的工作，以使其能更好地与北约标准兼容，并履行匈牙利空军的要求。"鹰狮"战斗机首先替换凯奇凯梅特基地的米格-29飞机，但是其中有14架米格-29飞机将被送往俄罗斯进行延寿维护，以使其能服役到2005年。

租赁协议实际是12月20日在布达佩斯由瑞典国防装备管理局和匈牙利国防部的采购和安全投资机构共同签署的。合同总价值以商业机密的理由拒绝对外公布。为期10年的租赁将从2004年底交付首架飞机开始算起，随后陆续交付12架JAS 39A和2架JAS 39B。最后一架飞机将在2005年6月交付。

飞机所需要升级的内容包括瑞典空军"鹰狮"机队的一些标准化、加装新的通信系统、汉胜公司的辅助动力装置（APU）、通用电气公司的电子控制部件和全权限数字式发动机控制系统（FADEC）。其他专门为匈牙利空军进行的升级是敌我识别系统、仪表着陆系统、快速无线电通信系统、外挂武器接口的改进和一些系统软件的修改及升级。

下列人员在瑞典进行了培训：15名飞行员分3批进行作战和战术训练，32名维修技师、2名飞行模拟器技师和5名战斗机引导员将接受培训。综合后勤支援也是合同的一部分，通过联营系统向匈牙利和瑞典空军提供各种"鹰狮"战斗机备件和可更换单元——这也是为什么说瑞典空军的飞机进行标准化生产是十分重要的原因。

匈牙利空军有权在10年的租赁合同到期时购买这14架"鹰狮"战斗机，但到时如果匈牙利空军放弃这项权利，他们还可以获得与瑞典第二批飞机同样标准的飞机。但当时还没有明确这一合同将涉及哪一种生产型飞机。

与此同时，匈牙利经济事务部与鹰狮国际公司签署了补偿贸易合同，补偿贸易的总价值超过了匈牙利的承诺。鹰狮国际公司总经理伊恩·麦克纳米解释说，"我们在补偿贸易之前已交付匈牙利价值6.61亿美元的预先补偿贸易，并和超过40家公司商讨如何兑现这个承诺"。八天后，瑞典国防装备管理局和鹰狮国际公司签订了瑞典空军专用于匈牙利空军以及租赁期间14架"鹰狮"战斗机改装和支持合同。

2002年9月，匈牙利要求与瑞典国防装备管理局重新谈判租赁合同，因为匈牙利希望租赁JAS 39C和JAS 39D飞机，而不是升级后的JAS 39A和JAS 39B型飞机。瑞典国防装备管理局同意重新

左图：匈牙利凯奇凯梅特空军基地大黄蜂中队的徽章。该中队目前配备米格-29飞机。

左图：匈牙利凯奇凯梅特空军基地美洲狮中队的徽章。

谈判，如果匈牙利确定要租赁更高级别的飞机，则飞机交付时间表必须修改，并且合同价值也将会增加。如果匈牙利不同意这些变化，则要按原合同执行。据传11月底能够谈判成功，但瑞典国防装备管理局和匈牙利政府拒绝透露任何消息。

2003年1月，匈牙利国防部长宣布，他打算对“鹰狮”租赁合同进行升级，但之后并没有提供细节内容。2月3日，瑞典国防装备管理局宣布，同意与匈牙利政府就12架JAS 39C飞机和2架JAS 39D飞机达成30年“租赁和购买”协议。首次交付将在2003年举行。尚未透露其他技术或财务信息。

匈牙利空军的“鹰狮”战斗机大多都是新飞机，即新装配的机身，但是使用了一些不会影响JAS 39C“鹰狮”战斗机性能的旧组件。

凯奇凯梅特空军基地是匈牙利空军的骄傲，这就是为什么所有官方参观者都来该基地的原因。第59战术歼击机团

上图：当匈牙利空军开始接收“鹰狮”战斗机后，米格-29战斗机和“鹰狮”战斗机一起飞行的情况将时常发生。

自1952年以来就驻扎在该基地，在1958年当匈牙利最成功的战斗机飞行员德热·圣捷尔吉（Dezsô Szentgyörgyi）击落33架敌机后被命名。现在第59战术歼击机团包括两个中队，大黄蜂中队和美洲狮中队，这两个中队都装备了米格-29战斗机。

大黄蜂中队将会装备“鹰狮”战斗机。在2003年6月巴黎航展上，联队司令南多·基利安（Nandor Kilian）上校说，他对选择“鹰狮”战斗机感到非常满意，并且他认为匈牙利政府应该用“鹰狮”战斗机替换其余的米格-29飞机，其他种类的飞机维护费用太高，不太适合匈牙利。

匈牙利飞行员的训练工作将于2005年在瑞典F7联队的基地进行。第一批的5名匈牙利飞行员具有相当丰富的经验，训练结束后，他们将成为训练“鹰狮”

战斗机飞行员的教官。第二批飞行员既年轻又有丰富的经验，第三批也即最后一批将全部是年轻飞行员。这几批飞行员在瑞典完成训练后，其余所有的飞行员训练将在匈牙利进行。

荷兰

荷兰是首批购买F-16战斗机的国家之一，并在1992年1月向荷兰皇家空军交付了最后一批飞机。因此，荷兰也成了首批寻找替代机型的国家之一。在1999年，荷兰皇家空军通知荷兰议会，他们需要新一代战斗机来取代已老化的F-16A/B战斗机，并于6月3日将其需求说明书送往有关方面。10月22日荷兰收到了"鹰狮"战斗机的报价说明书。在11月19日美国正式邀请荷兰参与联合攻击战斗机（JSF）项目设计和制造开发（EMD）阶段。

荷兰皇家空军非常愿意参加联合攻击战斗机项目，但荷兰政府认为应该对所有可能的竞争者进行评估。第一步是在2000年5月2日让荷兰皇家空军首席参谋长本·德罗斯特（Ben Droste）上将到瑞典亲身驾驶"鹰狮"战斗机，并对飞机进行评估。一个星期后，由国防部秘书长汉克·范·霍夫（Henk van Hoof）带领的荷兰代表团参观了林彻平，以全面了解"鹰狮"战斗机。3月15日，汉克·范·霍夫提交了一份基本资料，就F-16战斗机给出了如下选项：

- "鹰狮"战斗机。（两个比较：第一个是"鹰狮"战斗机的起飞重量是14000千克，而F-16战斗机是16000千克；第二个是"鹰狮"战斗机武器外挂点太少。以上两点可看出"鹰狮"战斗机处于劣势）。
- 欧洲战斗机"台风"。
- 达索航空公司"阵风"战斗机。
- F/A-18E/F超级"大黄蜂"战斗机。
- 联合攻击战斗机（JSF）。

荷兰皇家空军官员说，他们首选联

左图：荷兰官员正在处理来自不同投标人针对荷兰发出的需求方案说明书所作出的回复。值得注意的是，在办公桌上放置着一个较小的F-16飞机模型。

合攻击战斗机。因为他们要购买的是新型战斗机，“鹰狮”战斗机、“阵风”战斗机和“台风”战斗机采用的是20世纪90年代的技术，而联合攻击战斗机将提供21世纪的技术，并且联合攻击战斗机有内部武器舱，其他飞机没有。

2000年3月，荷兰评估小组对欧洲战斗机和“阵风”战斗机进行了测试评估，也有可能会对“鹰狮”战斗机和美国战斗机进行评估，但具体时间没有确定。9月1日和2日在伏尔科（Volkel）所举办的荷兰皇家空军开放日时，所有的竞争对手（包括一个联合攻击战斗机实物模型）都参加了，参加这次活动的“鹰狮”战斗机编号为39186。

10月3日，汉克·范·霍夫向荷兰议会提交了一份报告，详细介绍了目前的结果。他指出，已对所有的竞争者进行了评估，其中“鹰狮”战斗机无法满足荷兰空军的要求，最重要的原因（也是唯一被提到的）是当其挂载重型武器时，由于飞机机内油箱有限的原因，无法满足荷兰空军的作战航程要求。萨伯公司也被告知了这点不足。

2002年2月8日，荷兰政府决定选用联合攻击战斗机取代其F-16战斗机，并参与联合攻击战斗机项目的设计和制造开发。

挪威

1995年3月，挪威国防部明确表示要选择一种新型战斗机，以替换在挪威皇家空军服役的F-5A/B飞机。欧洲战斗机、“阵风”战斗机、F-16C/D战斗机和“鹰狮”战斗机被列入备选范围之内。但当萨伯公司得知挪威皇家空军首选双发战斗机时，便很快退出了这次竞争。

瑞典空军曾计划在1999年6月5日派出一架“鹰狮”战斗机到挪威博德（Bod）空军基地，这将是“鹰狮”战斗机第一次到访该国，但由于塞尔维亚危机，这一计划无法完成。

战斗机的中标选择被推迟了好几年，但在2002年6月20日，挪威签署了三方参与联合攻击战斗机项目研制的协议。并希望在适当的时候能订购48架这样的飞机。

菲律宾

菲律宾空军在1997年4月中旬发布了18架单座和6架双座多用途战斗机的需求方案说明书，用来取代其现役的F-5A/B飞机。被纳入其考虑范围的替代机型有：“幻影”2000-5、“幼狮”2000、米格-29、F-16C/D，F/A-18C/D和“鹰狮”战斗机。然而，在当年的巴黎航展上，鹰狮国际公司人员告诉记者，他们还没有将菲律宾空军作为一个未来客户，所以不会对这一需求方案说明书作出回应。

菲律宾在1998年4月派出由秘书长阿方索·德·洛斯·桑托斯（Alfonso de Los Santos）为首的一个调研小组到瑞典对“鹰狮”战斗机进行评估，并在一个星期后发出了邀请投标函。不幸的是在不久之后，菲律宾货币比索就被卷入了一场始于韩国和日本的金融危机中，并贬值了大约25%。因此，6月新当选的菲律宾政府宣布暂停购买新的军事设备。

2001年7月12日，菲律宾空军行政长官本杰明·德芬索（Benjamin P Defensor Jr）说，即将开展36架多用途战斗机的招标工作。他补充说，首次交付飞机会在近两至三年内发生。但目前还没有可能中标公司的任何消息。

波兰

波兰是三个前华沙条约国家之一，对“鹰狮”战斗机非常感兴趣，它也拥有数量最多的米格-21和苏-22飞机，而这些飞机都需要换代。

在Babie Doly空海军基地举办的国际军事装备展览会上，“鹰狮”战斗机首次在波兰亮相。这次到访波兰的三架飞机（39111、39120和39125）中的两架飞机在同一天先去了匈牙利的凯奇凯梅特基地。飞行员肯·林德伯格和扬·安德森在清晨驾驶飞机离开瑞典马尔摩飞往匈牙利的凯奇凯梅特基地，在那里，飞行员肯·林德伯格要进行两次飞行表演。加油后他们离开此地前往波兰，并在第二天也即9月27日，进行多次飞行表演和地面展示。这次是在发动机仍然开车时对飞机进行加油和重装武器（4个额外的先进中程空空导弹），并且在4分钟后这架飞机再次滑行进行下一个展示。飞机在下午返回瑞典，完成了令人印象深刻的东欧巡回宣传。

1997年3月7日，鹰狮国际公司宣布，最终的合作方式可能是将交付给波兰空军的“鹰狮”战斗机总装工作放在梅莱茨飞机公司（PZL Mielec），发动机装配在热舒夫（Rzeszów）进行。

4月15日，瑞典和波兰之间的安全协议由瑞典国防部长比约恩·冯·叙多和波兰国防部长斯坦尼斯劳·多布然斯基（Stanislaw Dobrzanski）签署，这将加快未来对“鹰狮”战斗机的飞行评价。多亏这一协议，波兰飞行员现在可以驾驶双座JAS 39B进行飞行，由于在这以前两个座舱内的一些设备进行了分类，所以这在以前是不可能实现的。如果波兰决定购买"鹰狮"战斗机，协议还为未来的合作和伙伴关系创造了机会，其中可能包括向波兰工业提供高价值的技术转移。

三天后，波兰国防部长雅努什·奥内什凯维奇（Janusz Onyszkiewicz）宣布，在10月或11月波兰将发出250架新型多用途战斗机招标书，在1998年6月会作出选择。然而，在接下来的一个多月，新型多用途战斗机计划购置数量从250架削减至大约100架，而且在不久的将来，这一采购数量可能还要减少。

8月30日，JAS 39A 39.140"鹰狮"战斗机在彼得哥什（Bydgoszcz）进行静态展示，第二天JAS 39A 39.114"鹰狮"战斗机在梅莱茨（Mielec）向公众做飞行表演。在11月18日，波兰空军总司令卡齐米日·齐奥克（Kazimierz Dziok）与后座上的雷纳·里德维克（Reino Lidvik）一同驾驶"鹰狮"战斗机进行了飞行（这使齐奥克成为第三个飞过"鹰狮"飞机的前华沙条约组织的空军行政长官）。

在1998年秋天，英国宇航公司、达索航空公司和萨伯公司向波兰国防部提交了一项联合提案，该提案有三个解决方案，分为当前、短期和长期：

当前选项1：利用达索航空公司的经验和德国部件III标准，对波兰空军的

上图：在驾驶"鹰狮"战斗机飞行结束后，波兰空军总司令卡齐米日·齐奥克与萨伯公司肯特·哈雷斯考格握手。

米格–29飞机进行进一步现代化改装。

当前选项2：在英国对波兰空军进行为期10周的强化课程训练，包括与100个中队的飞行训练，费用由英国政府提供。

当前选项3：每年在塞特纳斯用"雷"式战斗机对波兰飞行员进行超过1000飞行小时的训练（2000年开始使用"鹰狮"战斗机），所有花费由瑞典政府提供。

短期的解决方案，包括从BAE系统公司购买20架"鹰"教练机；长期建议是购买"鹰狮"战斗机和欧洲战斗机，并可以让波兰工业参与欧洲主要计划（根据波兰的财务状况，购买欧洲战斗机不太可能实现）。

1999年5月，波兰政府同意按计划购买42架先进战斗机并于8月初招标。预计一年后会作出选择，有机会参加竞选的机型有：F-16、F/A-18、“幻影”2000-5和“鹰狮”战斗机。飞机交付将从2006年开始，并可能有机会赢得后续90架至100架飞机的订单。过渡期的飞机也要求在早于2001年被引进；由于有过剩的F-16A/B飞机和F/A-18A/B飞机，所以这对美国公司来说很容易达到要求；而瑞典可以向波兰空军提供瑞典空军使用的“雷”式战斗机作为过渡机，因此在2001年前交付他们也没有什么大的困难。

1999年6月，巴黎航展后的一周，F7联队参加了“高速公路着陆带99”的演习计划，这是在Kliniska 高速路（在波兰大约15个中的一个）的一段公路上与波兰空军合作举行的一次军事演习。这给了波兰人近距离观察“鹰狮”飞机的机会。萨伯公司希望，这场演习能给波兰政府在不远的将来选择新型战斗机的决定产生积极的影响。演习用的“跑道”长大约是6560英尺(2000米)，宽大约是46英尺(16米)。

4架JAS 39A和1架JAS 39B参加了演习，约200名官员能够从飞行员的视角观看“鹰狮”战斗机的各种操作。通过战术情报数据链系统使“鹰狮”战斗机与地面上停放的一架“鹰狮”飞机建立了通信联系，使飞行员座舱的信息能实时呈现在大屏幕上。

1999年7月15日，据透露，鹰狮国际公司已经表明，如果波兰选择“鹰狮”战斗机，瑞典空军可以借给波兰空军18架飞机，直到交付第一架生产型飞机。这个报价对瑞典空军来说没有任何问题，因为他们的“鹰狮”战斗机本就多于受训的飞行员。这18架瑞典空军的飞机将需要更新到北约标准（更新费用包含在报价中），并从2001年起就可以获得这些经过改装后的飞机；一旦首架生产型“鹰狮”飞机交付波兰，这些飞机就将返回瑞典空军。

2001年4月17日，国防部长布罗尼斯瓦·科莫罗夫斯基（Bronislaw Komorowski）证实了替换老化的米格-21飞机的计划，需求方案说明书是在2003年以购买、出租或转让方式获得16架飞机，附加后续44架飞机的购买。波兰在2003年前需要16架飞机以履行其对北约的承诺，其余60架飞机将在2006年作出决定。2001年5月底竞争者给出报价，但即将举行的选举推迟了最终的选择。

6月的第一个星期，两架“鹰狮”战

斗机参加了在什切青市（Szcecin）附近的公路演习；瑞典的战斗机必须在波兰空军机库内的飞机旁边操作，它们表现得非常好——按照萨伯公司的说法，"鹰狮"战斗机是第四代战斗机中唯一能在前方作战基地或没有准备的公路跑道上起降的飞机，在"鹰狮"战斗机日常使用的前方作战基地的BAS90系统中已证实了这一事实。然而，最重要的一点是，与北约其他类型的飞机比较，"鹰狮"战斗机非常容易使用维护。

三个被邀请投标的公司是生产"鹰狮"战斗机的鹰狮国际公司、生产"幻影"2000–5 MK.2的达索航空公司和生产F–16C/D的洛克希德·马丁公司。竞标将会在新政府成立后继续进行，但会推迟一年。

在2001年12月初，新的波兰国防部长耶日·什马伊津斯基（Jerzy Szmajdzinski）宣布，将于2002年8月作出最终决定，他还说，他对匈牙利和捷克选择"鹰狮"战斗机的事实并不感到惊讶。他认为，美国和法国的公司应该在与当地工业部门的合作上投入更多的精力——这一明显的迹象表明他会选择鹰狮国际公司。

波兰空军得到了一个意想不到的帮助。一直在使用民主德国空军米格–29

上图：为了帮助萨伯公司在竞选期间赢得波兰空军的订单，瑞典空军的"鹰狮"战斗机通过在波兰参加演习，其中包括在1999年6月在Kliniska公路地带的起飞着陆演习，积极为支持"鹰狮"出口做出努力。

飞机的德国，为了一个统一的欧元区，正在向波兰军队出售一些"美洲豹"（Leopard）坦克，并想把他们的23架与北约标准兼容的米格–29处理掉。这为波兰减少了购买二手战斗机的花费，因此，在2002年7月8日发表了新的计划书，仅需要48架飞机而不是原来的60架新型飞机。最后的决定将于2002年12月底作出，但波兰总统和政府之间却出现了矛盾——波兰总统青睐F–16战斗机，但政府似乎更喜欢"鹰狮"战斗机。

与其他前华沙条约组织国家相比，波兰空军有更多的飞机需要更换。美国总统布什竟然说，如果波兰希望成为北约的重要合作伙伴，它应购买美国的飞机。最后在2002年12月26日晚上，波兰政府宣布，中标者是洛克希德·马丁公司的F-16C/D战斗机。

达索航空公司对这个决定表示非常愤怒，并说波兰应该在购买欧洲国家的战斗机后才能被允许加入欧盟。鹰狮国际公司发言人欧文·沃格马克（Owe Wagermark）说，尽管"鹰狮"战斗机具备最先进的技术、最便宜的价格，但是政治因素是产生这次竞标结果的最主要原因。波兰国防部长罗尼斯瓦·科莫罗夫斯基反驳说，这次竞标结果并没有受到政治因素的影响。

飞机订购合同签署仪式原定于2003年2月召开，但由于补偿贸易合同的谈判并不顺利，所以飞机订购合同虽然已经完成谈判，但是签署日期被推迟。波兰政府决定，如果在补偿贸易问题方面得不到满意解决，他们将不会在飞机订购合同上签字，并提醒美国，如果有必要的话，他们将重新选择"鹰狮"战斗机。

罗马尼亚

在1998年8月25日，由于一些重要的军事和政治代表团将要访问罗马尼亚的蒂米什拉（Timisoara）空军基地，所以两架"鹰狮"战斗机也首次造访了该基地。而事实上，罗马尼亚在未来10年并不会购买新型战斗机，但罗马尼亚空军却十分青睐"鹰狮"战斗机，这次他们有机会近距离观察"鹰狮"战斗机了。

资金短缺的罗马尼亚最终投入较多的钱在其米格-21飞机上，在以色列航宇工业公司的帮助下，对米格-21飞机进行了设备更新，使罗马尼亚可以再使用几年。希望随着财务状况的逐渐改善，罗马尼亚能尽快更换新的战斗机。

斯洛文尼亚

在1999年10月的第一周，斯洛文尼亚总统对瑞典做了为期三天的访问，期间受瑞典国王卡尔·古斯塔夫十六世（Carl Gustaf XVI）的邀请，在访问结束时参观了萨伯公司。斯洛文尼亚总统与该国几位部长和代表团成员有机会近距离地观察了"鹰狮"战斗机，并对出口到斯洛文尼亚进行了大致了解。

南非

由于种族隔离政策原因，南非多年来都受到强制实施武器禁运问题的影响。美国严格实行的武器禁运，即使提供微不足道的国防技术，唯一愿意向南非出售武器的国家就是以色列。在20世纪90年代后，政治版图已重新划分，种族隔离被废弃，南非的政治家和军事首领一致认为要加强国家的国防力量。

南非国防部队这个时期使用的是“猎豹”战斗机和达索航空公司的“幻影”F1 AZ战斗机以及阿特拉斯公司（Atlas）的“羚羊”高级教练机。“猎豹”战斗机是在20世纪80年代中期开始由南非阿特拉斯公司对法国“幻影”Ⅲ飞机进行改型后的产品。

因为受到武器禁运的影响，南非一直在秘密发展自己的战斗机，但是在1991年1月，政府由于经费和技术上的原因取消了该项目。在安哥拉实现全面和平后，南非政府认为没有必要再为研发新型战斗机额外花费，可以直接从国外购买，虽然当时仍有一些国家对其实行武器禁运。

阿特拉斯公司的“羚羊”高级教练机是第一批需要更换的飞机，接下来则是“幻影”F1战斗机，最后是“猎豹”C型和“猎豹”D型战斗机。在1994年10月18日，国防部长批准这一要求并允许在未来购买新的中型战斗机。更换“羚羊”高级教练机和更换“幻影”F1战斗机、“猎豹”战斗机的计划分别被称为Uhkozi计划和Kambro计划。

在需求方案说明书发布后，对23个回复，根据涵盖飞机系统、机身性能、机载系统、航空电子设备、支持系统、购买成本指数和作战/支持成本指数等分类的分值进行了评估，其结果是：

排名	飞机名称	得分	状态
1	“鹰狮”战斗机	0.899	生产阶段
2	S–55战斗机	0.887	研制阶段
3	S–54战斗机	0.884	研制阶段
4	F–16战斗机	0.859	生产阶段
5	马基飞机公司AMX–T攻击机	0.788	生产阶段
6	“阿尔法喷气”教练机	0.766	生产阶段
7	ATX	0.763	研制阶段
8	米格–AT飞机	0.703	研制阶段
9	捷克L–159教练机	0.693	生产阶段
10	雅克–130战斗机	0.682	研制阶段
11	K8教练机	0.668	生产阶段
12	AT–63“潘帕”教练机	0.648	生产阶段
13	马基飞机公司MB–339FD教练机	0.647	生产阶段
14	AT–3“自强号”高级教练/轻型攻击机	0.631	生产阶段
15	“鹰”100高级教练机	0.623	生产阶段
16	IAR–99教练机	0.553	生产阶段
17	“羚羊”教练机	0.335	服役阶段
18–23	单座战斗攻击机、“鲨鱼”教练机、TG–10教练机、KTX–2教练机		由于信息不足，未给出状态

结果清楚地表明，“鹰狮”战斗机获胜。在这之后，教练机的竞争者必须满足以下五项标准，才不会被淘汰：

1. 飞机应为喷气推进式的，座舱应为与现代战斗机相类似的前后串列式座舱。

2. 飞机的性能应超过“羚羊”Mk.2教练机性能，并能填补在PC-7 Mk.2教练机和“猎豹”教练机之间的飞行训练空白。
3. 飞机必须处于研发和生产的高级阶段。
4. 交付时间不能迟于2003年。
5. 制造商必须表明愿意参与回答有关其他信息（1996年3月27日）或提醒（1996年6月6日）的要求。

1996年7月31日，最初的17家评估候选公司只剩下9家。在9月和10月期间，对这9家制造商或供应商分别进行了走访，并就那些适合于需求方案说明书的这一轮候选名单制定了一个表，如右表。

早在1997年南非空军首长威廉·郝克托上将就说，整个空军的飞机都需要更换，这意味着南非空军将至少需要两个“鹰狮”战斗机中队来替换“猎豹”战斗机，再加上另一种用来替换“羚羊”教练机的机型。大概需要一年的时间来对每一种机型的换代作出决定；两种换代机型应在2015年进入现役。

在1997年由于一些预算的削减，购买飞机的资金需要重新考虑。政府认为无法负担5.2亿兰特的Uhkozi计划和80亿兰特的Kambro计划，因此，南非空军指挥委员会决定，要把Uhkozi计划和Kambro计划合并成一个新的计划——Uhkozi计划。因此在1997年7月7日提出了研制先进轻型战斗机（ALFA）的要求，以取代“羚羊”教练机、“幻

飞机类型	拒绝理由	接受理由
AMX-T教练机		生产中、多用途、有发展潜力
“鹰”100教练机	高成本不能满足南非空军作战要求	
AT-2000教练机		在合理的价格上具有宽广的性能潜力。行业参与的最好时机。高风险计划。
“鹰狮”战斗机	没有足够资金购买	
L-159教练机		在合理的价格上很好地平衡了性能和系统。良好的售后服务。南非空军可能是在捷克以外的唯一用户。
MB-339FD教练机	性能低无法满足南非空军要求	
雅克-130高级教练机/轻型攻击机		全面平衡了多用途性能。可选择换装发动机。但是只有通过俄罗斯联邦政府批准才能购买。
米格-AT	高昂的研发和生产风险	
S-54战斗机	提供的信息不完整	

影”F1AZ和“猎豹”战斗机。

1997年9月23日南非政府发布了其需求方案说明书，在需求方案说明书中主要包括购买4艘护卫舰及其上用的4架舰载直升机、4艘潜艇、104辆主战坦克、48架轻型战斗机和60架轻型通用直升机。这份需求方案说明书被送到了英国、德国、法国、西班牙、意大利、加拿大、巴西、瑞典、俄罗斯和丹麦。答复的截止日期为1997年10月31日。随后捷克也被允许用L-159先进轻型战斗机参加竞标。

由于英国可以提供一个更广泛的方案以满足南非的“购物清单”，萨伯公司和英国宇航公司同意将“鹰狮”战斗机纳入英国对南非的答复包内，而瑞典不再单独对南非的需求方案说明书作出答复。

成本的削减导致了先进轻型战斗机需求从48架减少到38架，在新计划中需要8架双座飞机和30架单座飞机（一些其他方面的要求使它们的数量减少，同时主战坦克的需求量也大幅减少），在对需求信息的评估中得到军事评价最高的飞机是AT-2000（这与南非丹尼尔公司的提议有关），“幻影”2000位于第二，“鹰狮”战斗机位于第三；这三种飞机在这次竞标中入围。

值得注意到另一个重要因素是，南非空军指挥委员会发现在PC-7和先进轻型战斗机之间的跨度太大，因此需要一种LIFT战斗教练机——简言之，原计划需要重新进行讨论。然而，在11月19日和20日举行的一次会议上审查了先进轻型战斗机供应商提供的文件并表示，任何情况下除了“幻影”2000飞机外，该型机都可以让飞行员从“羚羊”直接转换到被建议的战斗机上。

由于南非希望购买一套完整的附件包，英国宇航公司为了与其他机型竞争，还提供了“鹰”教练机。在1月8日，萨伯公司的首席执行官宣布正式开放设在开普敦的瑞典/南非商务中心。这是一个非常好的商业举动，南非需要更换的战斗机已经提供给了阿特拉斯公司和其他南非公司，并带有很多必需的开发和辅助工作。因为南非规定了一个这样的条件，即任何一份投标书都应包含直接和间接的工业补偿贸易方案并加上将如何实施的细节。

鹰狮国际公司提出了出口型的“鹰狮”战斗机，但媒体认为南非的武器禁运尚未解除，所以“鹰狮”战斗机不可能在竞标中获胜。不过，鹰狮国际公司认为武器禁运不会是个问题；但在2月中旬，美国政府通知萨伯公司将不会授予其向南非出口美国技术的再出口许可证。

该决定掀起了一场争论，即为了获得未来的出口订单，鹰狮国际公司应当把“鹰狮”战斗机改型为不依赖于美国技术的全欧洲技术的战斗机。当然这只是一种炒作，没有经过旷日持久且花费巨大的各项验证，这样的飞机改型是不可能实现的；因为任何一个新型系统都必须将首先在“鹰狮”战斗机上进行试飞。

在1998年2月中旬，美国国务院没有答应鹰狮国际公司要将美国技术授权安装到出口南非的“鹰狮”战斗机的要求。在联合国对南非的武器禁运期间，南非的武器采购代理机构——南非军备局，被发现已打破了武器禁运条例，自那时以来，美国公司已被禁止直接或间接地与南非军备局打交道。美国国务院认为“鹰狮”战斗机的分包合同间接在与南非军备局打交道。

然而，美国国防工业的代表对克林顿政府施加压力，希望解除武器禁运，使他们也可以参加南非采购战斗机的竞标。

美国的这项游说运动导致了美国副总统戈尔和南非副总统姆贝基在2月28日宣布，美国撤销武器禁运条例，从而使国防贸易能够正常运行。在美国撤销一些不必要的争论和阻挠后，鹰狮国际公司终于可以以正常的方式参与南非战斗机的采购竞标。

在1998年2月14日发布了招标书，并发送至DASA、达索航空公司和鹰狮国际公司；要求在5月14日前作出回复。在智利举办的1998年国际航空航天展前不久，南非的评估小组造访了林彻平以研究“鹰狮”战斗机及其支持公司。南非军备局派出3名工程师随同3名南非空军飞行员一起对“鹰狮”战斗机作更进一步的了解。南非空军飞行员可以进行两个新的飞行体验——在第四代战斗机驾机飞行和在雪地进行着陆和起飞。据南非空军飞行员约翰·贝恩（John Bayne）说，这样的飞行非常有乐趣和挑战，如果南非空军选择“鹰狮”战斗机，飞行员可以在不同气象条件下飞行。南非军备局的工程师则对“鹰狮”战斗机的易用性和其短时间内更换一个发动机（不到一个小时）的特点留下了深刻印象。

在1998年国际航空航天展上，一位萨伯公司试飞员指出，在他看来，南非空军在参观完林彻平后已对“鹰狮”战斗机有了非常彻底的了解。

3家竞争公司在5月14日对招标书给与了回复。现在解除了武器禁运，为了帮助“鹰狮”战斗机的出口，瑞典国防部长也向萨伯公司提供了帮助，这也是瑞典国防部长在1998年5月31日和6月6日之间访问南非的原因。

英国宇航公司还参与了在南非的另一个投标，用LIFT战斗教练机取代“羚羊”教练机。英国宇航公司在1992年5月首次向南非空军介绍了“鹰”教练机。1998年6月15日招标入围的公司和飞机名单是：

- 马基飞机公司 MB-339喷气教练机（由于其与“羚羊”飞机具有一定的通用性，且其价格合适，所以有很好的竞标机会）；
- 雅克夫列夫设计局/马基飞机公司雅克/AEM-130飞机；
- 捷克沃多乔迪公司 L-159教练机；
- 英国宇航公司“鹰”教练机（飞机价格最昂贵，但据一些观察家说，如果南非空军选择了“鹰狮”战斗机，它将会有一个很好的竞争机会）。

鹰狮国际公司的“鹰狮”团队在南非巡演了一个月，以南非开普敦附近的叶斯特克劳（Ysterplaat）空军基地为起点。开普敦的居民对两架瑞典的“鹰狮”战斗机非常感兴趣，因此在开普敦国际机场实行空中交通管制，并让“鹰狮”战斗机进行飞行表演，以使每个人都可以在第一时间观看到瑞典空军的“鹰狮”战斗机。之后，“鹰狮”战斗机又到访了朗厄班韦格（Langebaanweg）空军基地的南非空军飞行学校。

在1998年11月17日至21日，在瓦特库（Waterkloof）空军基地举行了南非1998国防展览（DEXSA 98），这是该会展首次成为一种国际航展（先前在这里举办的会展只有南非的公司参加展示），在会展上，编号为39132和39133的“鹰狮”战斗机与达索航空公司的“幻影”2000-5同时参展，以争夺新战斗机的合同。“鹰”教练机也为了竞争战斗教练机的合同参加了这次展览，但其竞争对手并没有参加。

参加这次展会的鹰狮国际公司代表团由军事和政治方面的人员组成，南非政府于11月18日宣布，出口型的“鹰狮”战斗机和“鹰”教练机为首选供应商，很明显，这些行业观察家们都青睐“鹰狮”战斗机和“鹰”教练机。

同一天，南非政府向首选公司通报了它的所有其他的武器要求（虽然在理论上他们的合同仍然可能会被排名第二的制造商抢走），并指出，与中标者开始进行合同谈判。计划购买的武器装备有：

- 3艘由德国研制的潜艇。
- 4架由英国GKN韦斯特兰公司生产的海事直升机。

- 40架由阿古斯塔公司生产的通用直升机。
- 4艘由德国造船厂生产的巡洋舰。
- 24架战斗教练机——中标的是由英国宇航公司生产的"鹰"教练机。
- 28架轻型战斗机——中标者是由鹰狮国际公司生产的"鹰狮"战斗机。

这些订单总价值预计为297亿兰特（以当天的汇率为准计算，美元对兰特的汇率是1:5.65）。自从鹰狮国际公司在轻型战斗机竞争中排名中处于首位后，有99%的可能性会赢得这个订单。这也是鹰狮国际公司自1995年成立以来首次获得成功，并且南非政府的该项合同的价值约为1087.5万兰特。由于细节内容仍需要协商，所以鹰狮国际公司并未就此事作出表示，仅说将会取决于客户的要求。

据说，达索航空公司曾提出用同样价格提供更多（38架"幻影"2000-5战斗机），因为南非军备局官员曾经清楚地表示从技术上和经济上考虑，L-159飞机都是最好的教练机，所以捷克沃多乔迪公司曾令人惊奇地表示决定收购"鹰狮"战斗机和"鹰"战斗教练机。但是捷克沃多乔迪公司在补偿贸易上的做法不能满足南非提出的要求。

面对所有这些参与交易的最大问题是，南非政府在政治和经济上的稳定性。其他国家的政治组织批评这是"世纪的军火交易"。有些人认为这是提前送给国防部昂贵的圣诞礼物；其他人则认为在没有解决一些重大事项，例如住房和其他社会问题的时候，购买战斗机是非常不合适的。国防部发表的军需预算如下表：

下图：南非评估飞行员之一，中校迈克·爱德华兹，在林彻平的"鹰狮"的圆顶模拟器上。爱德华兹后来返回到萨伯公司，为发展出口型"鹰狮"战斗机工作。

（货币单位：百万兰特）

产品	数量	费用	投资额	出口额	本地销售额	补偿工作数量
巡航舰	4	6001.5	2112	2109	11786	10153
潜水艇	3	5212.5	6262	22950	1062	16251
通用直升机	40	2168.75	431	2847	1407	4558
海事直升机	4	785.5	268	227	2225	2536
教练机	24	4728.13	2552	4566	1462	7472
轻型战斗机	28	10875	14387	26481	7445	23195
总额		**29773**	**26012**	**59180**	**25387**	**65000**

对于南非航空工业来说，重要的是，该技术将转移给他们并且由他们承担这些装备的维护工作，因此，从南非航空工业用自己的产品（例如，丹尼尔“茶隼”攻击直升机）并提供长期的支持方面来说，在保证未来客户上将不再是一个问题。

在1999年1月7日，英国宇航公司和丹尼尔公司签署了一项谅解备忘录，放开了从英国宇航公司向南非公司进行技术转移的方式。下一步将是南非航空航天工业的私有化，包括丹尼尔公司。在1999年5月4日至7日在捷克的布尔诺召开的1999年IDET航展上，鹰狮国际公司宣布，将于1999年5月底签署的合同包括19架单座“鹰狮”战斗机和9架双座“鹰狮”战斗机。鹰狮国际公司还提到，这可能是第一批飞机，因为南非国防部队想使其空军更规范，所以从长远来看，飞机的订购量将会超过28架。

在1999年5月27日，南非Grintek Avitronics公司赢得了一份为“鹰狮”战斗机生产通信控制和显示部件的供应合同，这将有助于实现在1998年11月所需达到的补偿贸易。一天后，另一家南非公司也得到了补偿贸易合同。丹尼尔公司在这段时间为“鹰狮”战斗机研发了新挂架，该挂架符合北约军用标准的机械接口；一个重要因素是由于瑞典的标准与北约标准不兼容，因此新挂架的销售对象可能是三个北约新成员国：捷克、匈牙利和波兰。

5月和6月期间，一些新闻媒体透露，南非政府将会削减它的军需列表，“鹰狮”战斗机将成为首当其冲的受害者之一。而另外一些说法是，在8月的第二个星期，瑞典的新闻媒体称，“鹰狮”战斗机的交易已经完成，并且这一

上图：在1998年11月，“鹰狮”战斗机首次访问南非拍摄的照片，背景为桌山（Table Mountain）。

说法将在大约三周的时间里得到证实；但是萨伯公司和英国宇航公司均未就此事作出任何评论。

在1998年11月18日南非内阁成立了国际报价谈判小组（IONT），使得谈判能够尽早开始。在1999年5月26日国际报价谈判小组建议推迟阿尔法计划的执行，并接到命令去探讨推迟采购“鹰”教练机和“鹰狮”战斗机零部件的可能性。

英国宇航公司对于这件事的反应被称为“逆向选择”，即分批交货，第一次交付12架“鹰”教练机和9架双座“鹰狮”战斗机，第二次仅交付12架“鹰”教练机，第三次交付19架单座“鹰狮”战斗机。如果分批交付中的任何一部分被取消，其余飞机将变得更加昂贵，例如，如果第二次交付的飞机被取消，则其他“鹰”教练机的价格将会在24架“鹰”教练机的平均成本基础上上涨35%以上；如果第三次交付的飞机被取消，则每架“鹰狮”战斗机的价格将会在28架“鹰狮”飞机的平均成本的基础上上涨34%以上。所有的非经常性的费用将会包含在第一次交付的飞机价格内，因此可以很明显地看出，取消任何一个批次的飞机订单都会浪费巨额的金钱。

在1999年9月15日，南非政府对军需预算清单做了最后批准，购买除海事直升机以外的所有武器。“鹰”教练机和“鹰狮”战斗机的合同按照英国宇航公司建议的“逆向选择”方式划分成了几个订单。2002年第二批次飞机采购计划必须经政府批准，第三批次飞机采购计划最迟于2004年批准。5天后，F7联队的一架“鹰狮”战斗机坠毁，一家持怀疑态度的瑞典媒体认为这次事故发生可能会影响到南非的订单，但据南非一名官员说，这次事故不会影响南非购买飞机的决定。

12月3日，在比勒陀利亚签署了9架双座和可选的19架单座“鹰狮”战斗机的采购合同。然而，在合同中的一个条款中指出，“鹰狮”的采购中包含了财务可行性的条款，这意味着，如果南非经济下降到一个非常贫穷的水平，可以取消合同内的可选项。

在同一天还签署了24架“鹰”教练机及另外12个可选项的合同。整个国防采购协议（不包括可选项内容）总价值约213亿兰特；可选项内容总价值约85亿兰特。

“鹰狮”战斗机计划在2007年7月开始交付南非空军，首架单座战斗机的交付时间要求在2009年8月，最后一次交付是在2012年。“鹰”教练机将在2005和2006年开始交付，将先于“鹰狮”飞机投入使用。据南非首席谈判代表贾杨德拉·奈杜（Jayendra Naidoo）说，鹰狮国际公司必须按照时间表完成定期的补偿贸易，否则南非将扣留超过10%的合同价值。

出口型“鹰狮”战斗机将增加空中加油能力，在完成瑞典空军最后的“鹰狮”飞机之后，将立即在瑞典开始生产出口型“鹰狮”。在2000年，南非空军接触了德国的蔡司公司（Zeiss），一家拉斐尔子公司，商议开发LITENING吊舱的项目。南非空军参谋长在2000年智利举办的国际航空航天展上表示，从来没有考虑过签署购买F-16战斗机和F/A-18战斗机的合同，其原因是南非军备局对美国长时间的武器禁运感到不安。

“鹰狮”战斗机合同价格如下（以美元计算）：

类型	飞机成本	设备成本	总成本
单架飞机	34214607	19839980	54045587
28架飞机	958009000	555526996	1513535996

设备成本包括作战支持和地面支持设备、备件、最初的后勤支援设备、任务规划和地面支援系统、非经常性工程和测试、技术培训、飞行训练、训练器

材、技术出版物、技术支持服务、项目管理和客户联络。

继两年前成功举办了航展后，在9月5日至9日，南非在比勒陀利亚附近的瓦特库空军基地又举办了航空航天和国防装备展览会，萨伯公司展出了编号为JAS 39A 39174和JAS 39B 39804的“鹰狮”战斗机。南非空军总司令洛夫·博克斯（Roelf Boekes）中将在会展上表示，他对整个计划充满信心，并认为南非购买28架“鹰狮”战斗机毫无问题。

在这次展览会上首次展出了要集成到南非空军的“鹰狮”战斗机上的“标枪手”-V中程空空导弹；虽然“标枪手”-A短程空空导弹仍处于研制阶段，但为了与一些国外的短程空空导弹进行竞争，也做了展示。

2000年9月5日，也是南非空军建军80周年纪念日，为此在防务展旁边的瓦特库空军基地举行了庆祝活动。这使得萨伯公司有机会让南非的军事人员坐在双座“鹰狮”战斗机上体验“鹰狮”飞机。其中博克斯中将得到了机会，完成了其在“鹰狮”飞机上的首次飞行。

2001年5月9日，博克斯中将公布了南非空军未来计划，其中包括将关闭一些基地，但也透露会为新型战斗机修建

下图：“鹰狮”战斗机挂载以色列的“蟒蛇”（Python）4先进近距空空导弹和南非的“标枪手”-R（R-Darter）导弹；这种武器载荷构型的试飞并不只是为南非空军进行的。

上图：在2000年“鹰狮”战斗机到访南非期间，一架涂装了特殊颜色的南非空军“猎豹”C型战斗机正在引导着两架编号为JAS 39A 39174和JAS 39B 39804的“鹰狮”战斗机进行飞行。南非空军订购了9架双座“鹰狮”战斗机，在为瑞典空军完成JAS 39B/D的生产后，就可以为南非空军供货了。

左图：南非空军总司令洛夫·博克斯中将向首位获得“鹰狮”战斗机飞行资格证的南非空军飞行员表示祝贺。

左图：南非空军第二中队的队标。

左图：南非空军第二中队，由“飞行之豹”飞行员佩戴的南非空军的标志。

机场。事实上，由于不同类型的飞机采购的量少，所以每个中队将只能使用一种类型的飞机。南非空军在开普敦附近的叶斯特克劳（Ysterplaat）空军基地被关闭，“鹰狮”战斗机曾于1998年在此基地启动了其巡演活动。

南非空军被认为拥有48架“羚羊”教练机和39架“猎豹”C、“猎豹”D型战斗机，这些飞机将会分别被削减至24架和28架，再用同样数量的新型替代飞机补充上去。“鹰”教练机将会在南非东北部克鲁格公园（Krugerpark）附近

的瑞特（Hoedspruit）空军基地开始服役。

“鹰狮”战斗机将会在南非北部的路易斯崔查德（Louis Trichardt）空军基地的两个“飞行之豹”中队服役。

瑞士

在1986年底之前，瑞士空军开始实施用新的战斗机替换“吸血鬼”飞机、“猎鹰”战斗机和“幻影”III战斗机的计划。瑞士人对F-16战斗机、F-18战斗机、F-20“虎鲨”战斗机和“幻影2000”战斗机非常感兴趣，但采购哪一种飞机则取决于其交付瑞士空军的进度，当然，以色列的“幼狮”战斗机和瑞典的第一批“鹰狮”战斗机也在考虑之列。瑞士是第一个对“鹰狮”战斗机表示感兴趣的国家。在这次竞争过程中，“幼狮”战斗机退出，而“鹰狮”战斗机由于其飞行控制软件的严重问题而不能按时交付飞机，所以在竞标中不太可能胜出。此外，芬兰、瑞士也没有派飞行员到瑞典对“鹰狮”战斗机进行过飞行评估。

1998年，瑞士政府选择了F/A-18C/D战斗机。然而，这些瑞士F-5E/F“虎”II战斗机的替代机型，其中一些已被美国海军采购，这使得“鹰狮”战斗机有机会参加完成瑞士空军的需求竞争——如果瑞士需要更多的飞机。预计在2002年下半年将会发起一个替代方案。

左图：“鹰狮”战斗机的未来得到了瑞典空军和南非空军的支持。其他愿意采购“鹰狮”战斗机的国家可以从为这两国空军正在开展的研究中受益，当然也可以从飞机未来的升级中受益。无论如何，由于飞机模块的不断升级，空军可以有效地定制“鹰狮”战斗机以满足其特定的作战要求。

附　录

“鹰狮”与竞争对手的技术数据对比

	萨伯公司“鹰狮”	达索航空公司“阵风”C	欧洲战斗机公司EF2000	洛克希德·马丁公司F/A-22“猛禽”	F-35联合攻击战斗机⑤	以色列航宇工业公司“幼狮”
最大起飞重量/吨	12.7	21.5	21	36	32.5	17.1
正常起飞重量/吨	9	15.2	15	27		
最大外挂负载/吨	Ca4.5	8	6.5			
外部挂架	7	14	13	10		11
推力/千牛	80	146	180	310	177	90
推重比	0.9	0.98	1.23	1.17		
机翼面积/平方米	30.7	46	52.4	78	42.7	32.5
翼载/（千克/平方米）	293	330	286	346		
最大过载/*g*	9	9	9	9	9	9
起飞距离/米	395	395	295			
着陆距离/米	490	395	490			
最大速度/*Ma*	2.0	1.8④	2.0	2.2～2.5	1.6	1.85
进入服役时间/年	1993	2002	2003	2005	2008	
形成初始作战能力时间/年	1997	2006	2007		2011	
单机估价/百万美元	30	51	51	156	40	
首飞时间						
第一架技术验证机	—	1986年7月4日	1986年8月8日	1990年9月29日	2000年10月24日	—
第二架技术验证机	—	—	—	1990年10月30日	2001年6月24日⑥	—
第三架技术验证机	—	—	—	—	2000年12月16日	—
首飞时间						
第一架原型机	1988年12月9日	1991年5月19日	1994年3月27日	1997年9月7日		1986年12月31日③
第二架原型机	1990年5月4日	1991年12月12日②	1994年4月6日	1998年6月29日		1987年3月30日③
第三架原型机	1991年3月25日	1993年4月30日①	1995年6月4日	2000年3月6日		1989年9月9日
第四架原型机	1990年12月20日	1993年11月8日	1997年3月14日①	2000年11月15日		—
第五架原型机	1991年10月23日	—	1997年2月24日	2001年1月5日		—
第六架原型机	1992年9月9日④	—	1996年8月31日①	2001年2月5日		—
第七架原型机	1996年4月29日①	—	1997年1月27日	2001年10月15日		—
第八架原型机	—	—	—	2001年2月8日		—

① 表示涉及到了战斗机的双座改型机。
② 表示为了便于在航母上着舰增强了起落架强度的舰载型。
③ 表示双座原型机，但是测试仪器占用了第二排座椅。
④ 表示其实是生产型飞机，但是在损失掉原型机后为了防止拖延未来的进度而将其用作试验机。
⑤ 表示常规的起飞和着陆型。
⑥ 表示垂直起飞和着陆。